Osprey DUEL

オスプレイ"対決"シリーズ
9

# スピットファイア vs Bf 109 E 英国本土防空戦

[著]
トニー・ホームズ
[カラーイラスト]
ジム・ローリアー
マーク・ポスレスウェイト
[訳]
宮永忠将

SPITFIRE vs Bf 109
Battle of Britain

Text by
Tony Holmes

大日本絵画

## ◎カバー・イラスト解説
### スピットファイア
第234飛行隊のボブ・ドウ少尉が、バトル・オブ・ブリテンで11機目の撃墜となる敵機を射界にとらえる寸前を描いたカットで、少尉にとってはこの3日間で仕留めた5機目のBf109Eとなる。ケント海岸沿いに目を光らせて哨戒しながら、ロンドン爆撃を終えて帰投途中のドイツ軍機を襲うのが、彼の狩りのスタイルだった。自伝"Fighter Pilot"の中で、「海峡を越えて帰ろうとする敵は、1万2000から1万フィート（3,658m〜3,048m）付近の高度を緩降下しながら南下するのがお決まりだったんだ。スピットファイアに乗る我々とは違って、敵はもう家に帰り着きたい一心だったからね」と述懐している。

### Bf109E
1940年8月28日、生涯撃墜数77機の大エース、Ⅰ./JG52の飛行隊長ヴォルフガング・エヴァルド大尉は、この日、同飛行隊でスピットファイア1機撃破を報告した3人のうちの1人だったが、5日後には昇進で報われることになる。犠牲となったスピットファイアはケント州のリム上空を哨戒中だったクロイドンを基地とする第72飛行隊所属機である。

## ◎凡例
### 単位諸元
原書の度量衡表記単位はマイル、ヤード、インチ、ポンド表記を用いているが、本書では基本的にメートル、キログラム換算している。その際は、以下の換算表に準拠した。ただし、ドイツ側はもともとメートル法なので数値が明確な場合はオリジナル資料からのものに書き換えている。

- 長さの単位
  - インチ　2.54cm
  - フィート　30.48cm
  - ヤード　0.91m
  - マイル　1609m/1.6km
- 重量の単位
  - ポンド　0.45kg

### 訳語について
本書で扱うイギリス、ドイツ両軍の組織については以下の呼称を使用し、必要に応じて略号も併用している。また、繰り返し使用しない用語については、適宜、本文中に註記を加えている。

### イギリス空軍（Royal Air Force → RAF）
FIghter Command →戦闘機コマンド
Group →飛行群（例：No. 11th Group →第11飛行群）
Squadron →飛行隊（例：No. 603th Squadron →第693飛行隊）
Flight →小隊
Section →分隊

### ドイツ空軍（Luftwaffe →ルフトヴァッフェ）
Jagdwaffe →戦闘機隊
Jagdgeschwader →戦闘航空団（JG）
Lehrgeschwader →教導航空団（LG）
Gruppe →飛行隊
Staffel →飛行中隊

・ドイツ空軍の航空団以下の部隊の略号は、飛行隊をローマ数字、飛行中隊をアラビア数字で表記するのが通例である。したがって、II./JG26は「第26戦闘航空団／第Ⅱ飛行隊」、1./JG2は「第2戦闘航空団／第1飛行中隊」を意味している。

・航空機の搭載火器については、本書では便宜上、口径20mm未満のものを機銃、20mm以上のものを機関砲として表記を変えている。

## ◎著者紹介
### トニー・ホームズ　Tony Holmes
1989年以来、オスプレイ社の航空機関連出版部門に勤務。1994年に彼が中心となって立ち上げた戦闘機エースシリーズは、同社の看板シリーズとなっている。また、2007年時点で20冊を超える著作をオスプレイ社から出版している。長年、バトル・オブ・ブリテンにも強い関心を寄せ、存命の関係者を対象に取材を重ねている。本書はその成果である。

### ジム・ローリアー　Jim Laurier
ニュー・イングランド出身で、現在はニュー・ハンプシャーに在住。1974〜78年をコネティカット州ハムデンのパイアー美術学校で過ごし、首席で卒業後は、職業画家、イラストレーターとして活躍。合衆国空軍から依頼を受けて描いた航空機の絵画は、ペンタゴンに常設展示されている。

### マーク・ポスレスウェイト　Mark Postlethwaite
航空機を扱った作品で先導的な仕事を続けるアーティストであり、オスプレイ社でも近年の航空ジャンル作品で多くのカバーアートを手がけている。本誌のオーバーリーフは彼の作品である。イギリスのレスターに在住。

# 目次
contents

| | | |
|---|---|---|
| 4 | はじめに | Introduction |
| 6 | 年表 | Chronology |
| 8 | 開発と発展の経緯 | Design and Development |
| 21 | 技術的特徴 | Technical Specification |
| 32 | 対決前夜 | The Strategic Situation |
| 42 | 搭乗員 | The Combatants |
| 54 | 戦闘開始 | Combat |
| 72 | 統計と分析 | Statistics and Analysis |
| 76 | 戦いの余波 | Aftermath |
| 79 | 参考図書 | Further Reading |

## INTRODUCTION
# はじめに

　戦闘機同士の空中戦は、航空機愛好家はもちろんのこと、歴史研究者をも虜にして離さない魅力がある。そして、1940年の長い夏、イングランド南部上空が20世紀という時代を代表するにふさわしい航空決戦の舞台であったことは疑いようのない事実だ。この時、わずか数千名のパイロットと彼らを指揮するRAF（イギリス空軍）の戦闘機コマンドがイギリス諸島を守りきれるかどうか、そこに自由主義諸国の命運がかかっていたのだ（もちろん、パイロットたちを支える数千の地上要員、レーダー監視員、作戦室管制官たちの存在はいうまでもない）。片や、彼らの敵であるルフトヴァッフェ（ドイツ空軍）には、陸軍部隊が占領下のフランスからドーヴァー海峡を渡ってイギリス本土上陸作戦を敢行するのに先立ち、まずは障害となるイギリス空軍の防空力を粉砕する任務が与えられていた。実戦で鍛え抜かれたルフトヴァッフェの猛攻に対峙するのは、スピットファイアを装備した19個の飛行隊と、数で上回る兄弟分のハリケーン戦闘機である。スピットファイアがメッサーシュミットBf109戦闘機と死闘を繰り広げている間に、ホーカー製の無骨な戦闘機（ハリケーン）が、ドイツ軍爆撃機の迎撃に向かった。ルフトヴァッフェは工場や軍事施設も攻撃対象に加えていたからだ。

　イギリスのスピットファイアMk.I/IIと、ドイツのBf109E、両国の空軍で主力戦闘機として採用された2つの戦闘機の間には驚くほどの類似点があり、本書はこの類似点を考察の軸としている。両機とも1930年代に、数年の時間を使って開発されたが、これは英独両国が軍備拡張を急ピッチで進めていた時期に該当する。そして1940年には、ともに最前線でもっとも活躍した戦闘機となったのだ。互いの長所と弱点を検証することで、まず技術面での微妙な差異が、次いで、戦闘では実際にどのように運用されたのかということが明確になる。そして両機が性能面で拮抗する存在だとわかると、勝負の行方は操縦桿を握るパイロットの技量次第となった。同時に戦争の勝敗は、両軍が採用した戦術の優劣に大きく左右される。スピットファイアとBf109が初めて相まみえたのは、1940年5月、連合軍のダンケルク撤収を巡る上空の戦いだった。この時の熾烈な制空権争いでは、両雄の優劣ははっきりしなかった。低地諸国を席巻した電撃戦の尖兵となって敵の哨戒空域に飛び込んだドイツ空軍部隊の補給線は、限界まで伸びきっていただけでなく、パイロットたちは疲労の極みにあった。しかし、イギリス軍の側でも、スピットファイアの航続距離不足、航続時間不足に悩み、重い足かせを付けられた状態での作戦に苦しんでいた。

　だが、このような悪条件の中にあって、ダンケルク上空の戦いを生き延

1940年のヨーロッパで、スピットファイアMk.I/IIとBf109Eが地上で並んでいる場面に遭遇するのはなかなか困難だ。しかし、ごくまれに不時着を強いられた機体がRAFのパイロットともども北フランスで捕獲されることがあり、写真のような情景が実現する。第603「シティ・オブ・エディンバラ」飛行隊所属のビル・ケイスター少尉の操縦機（スピットファイアMk.IA　機体登録番号X4260）は、マンストン近郊の海峡上空で、I./JG54に所属する77機撃墜の大エース、フーベルトゥス・フォン・ボニーン大尉との空戦で損傷した。ケイスターは北フランスのギーン近郊にある野原への不時着を強いられ、鹵獲されたスピットファイアは性能検査のためにドイツ本国に送られた。アウグスブルクで同機の試験飛行を任されたのが、メッサーシュミット社の著名なテストパイロットであるフリッツ・ヴェンデルである。

びた両軍のパイロットたちは、ライバルとなった敵戦闘機の長所と短所に関する的確な知見を得ている。イギリス側では自分たちが採用している空戦戦術が、ひどく時代遅れであることが露見し、続く1940年夏の戦いでパイロットに伝統的戦術を墨守させることの危険性を認識するようになった。しかし、スピットファイアがヨーロッパ上空を席巻したBf109と互角以上に渡り合えたことで、前線のパイロットたちは、やがてイギリス本土上空に飛来して来るであろうBf109Eを撃退できるに違いないという自信を深めてもいた。

一方、ルフトヴァッフェ（ヤークトヴァッフェ）の戦闘機隊は、スピットファイアが難敵であると認めつつも、彼らが採用している拙い空戦戦術につけいる隙があると考え、Bf109Eを操るベテランパイロットは、積極的に迎撃に出てくるスピットファイアなら打ち倒せるだろうと確信していた。もちろん敵地に攻め込むときには、Bf109Eの航続距離が問題となることは、ドイツ軍戦闘機パイロットなら誰でも気づいていた。それでも、彼らは一撃離脱戦術の威力を疑わなかった。敵上空から正確な一撃をたたき込んだ直後、一気に自軍勢力圏まで帰還するという戦い方は、開戦当初からドイツ空軍が好み、実戦で磨き上げてきた戦術だからだ。この戦い方は、航続距離の短さを補う解決策でもあった。

　イングランド南部の制空権を巡り、激しいつばぜり合いを演じることになるRAFとルフトヴァッフェ。両軍の先駆けとなるスピットファイアとBf109Eのパイロットたちは、第二次世界大戦の流れを決める空戦――英国本土上空の戦い（バトル・オブ・ブリテン）を前に、あわただしく準備を整えていたのである。

## 年表──CHRONOLOGY

**1933年7月6日** ドイツ航空省（RLM）は地上基地で運用する新型戦闘機に関する仕様を提示した。Bf 109は4種類提出された応募案の1つだった。

**1934年2月** R. J. ミッチェル技師が設計したヴィッカーズ・スーパーマリン・タイプ224（ロールスロイス製ゴスホーク・エンジンを搭載）が初飛行に成功する。

**3月** Bf 109の開発設計が始まる。

**12月1日** イギリス空軍省は、F.37/34要求仕様書を作成し、ヴィッカーズ・スーパーマリン社との間で、ロールスロイス製P. V. 12マーリン・エンジンを搭載するミッチェル技師の新設計機に関する契約を交わした。

**1935年5月28日** ロールスロイス製ケストレル・エンジンを搭載したBf 109 V1試作機が初飛行する。

**1936年1月** ユンカース製Jumo210エンジンを搭載したBf109V2が比較審査に参加する。同じ試験には、ライバルとなるハインケル社のHe112戦闘機の姿もあった。

**3月5日** ロールスロイス製マーリンC型エンジン搭載、デハヴィランド製2翅固定ピッチ式プロペラを装着したタイプ300 K5054（スピットファイアの原型試作機）がサウサンプトン近郊のイーストリー飛行場で初飛行に成功する。

**6月** ヴィッカーズ・スーパーマリン社と航空省の間で、スピットファイアMk.I 310機の生産契約が交わされる。

**秋** 一連の最終試験の結果、He112を押さえて、速度および操縦性能が認められたBf 109の量産が決定した。

**1937年2月** Bf 109B最初の量産バッチとなる344機がアウグスブルク工場から出荷される。機体はII./JG 132に割り当てられる。

**6月** ダイムラー・ベンツ製DB 600Aエンジンを搭載したBf 109 V10が登場する。

**1938年4月** 燃料直接噴射装置をとりいれたJumo 210Gaエンジンと翼内機銃を取り付けたBf109C型が生産に入る。同時期に、キャブレター付きのJumo 210Daエンジンを搭載した暫定仕様機のBf 109Dの量産も始まる。

**5月14日** スピットファイアMk.I の量産は、熟練工不足と製造工程の難しさが原因で、初飛行から1年たっても軌道に乗らない状態だった。

**8月** ダックスフォードの第19飛行隊がRAF戦闘機コマンドにおける最初のスピットファイア配属部隊となった。

**12月** 信頼性が高い燃料直接噴射装置を備えたDB 601エンジンを搭載したBf109E-1型の前線配備が始まる。同型機の生産数は最終的に4000機を超える。

1940年末、バーミンガム近郊のカースル・ブロミッチにあるナフィールド予備軍需工場で大量生産されるスピットファイアMk.IIAの胴体。

| | |
|---|---|
| **1939年**<br>9月1日 | ドイツ軍がポーランドに侵攻。I./JG21のBf 109CがポーランドのPZL P.24を5機撃墜、第二次世界大戦最初の戦闘機の戦果として記録される。 |
| 10月16日 | 第603飛行隊所属機が、フォース湾上空でJu 88爆撃機を撃墜する。スピットファイアによる最初の撃墜記録となる。 |
| **1940年**<br>5月23日 | ダンケルク撤退戦において、第74および第54飛行隊のスピットファイアMk.Iが、I./JG27のBf 109Eと交戦。両機の最初の戦闘記録となる。 |
| 夏 | 装甲を強化し、翼内にMG FF 20mm機関砲を2挺内蔵した改良型Bf 109E-3/E-4の投入が始まる。 |
| 6月 | カースル・ブロミッチのナフィールド工場にてスピットファイアMk.IIの生産が始まる。7月、初期生産バッチが第611飛行隊に引き渡される。 |
| 6月 | ヒスパノ-スイザ製20mm機関砲を搭載したスピットファイアMk.IBが、第19飛行隊に配備される。 |
| 7月10日 | バトル・オブ・ブリテンが始まる。合計348機のスピットファイアMk.Iを配備した19個飛行隊が、809機のBf 109Eを擁する8個戦闘団と、海峡を挟んで対峙した。 |
| 8月 | DB 601NエンジンをしたBf 109E-4/Nに落下式外部燃料タンクを装備可能としたBf 109E-7の配備が始まる。 |
| 8月13日 | 「鷲の日（アドラータ－ク）」ルフトヴァッフェはRAF撃滅を狙った大攻勢「鷲攻勢」を発動するが、45機の自軍損害と引き換えに、RAFには13機の損害しか与えられなかった。 |
| 9月15日 | ルフトヴァッフェによる大規模なロンドン空襲。今日ではバトル・オブ・ブリテン記念日に制定されている。 |
| 10月 | Bf 109Fの初期生産バッチがJG51に配備される。 |
| 10月31日 | バトル・オブ・ブリテンが終了する。RAF戦闘機コマンドの公式発表では、スピットファイアによる撃墜戦果は521機で、スピットファイアの損害数は403機とされている。7月10日から10月31日までの作戦行動で、ルフトヴァッフェは610機のBf 109Eを喪失した。 |
| 秋 | Bf 109E-7/B戦闘爆撃機型（ヤーボ）がイングランド南東部の爆撃作戦に投入される。 |
| **1941年**<br>1月10日 | スピットファイア3個飛行隊も参加した「サーカス」作戦が、ドイツ占領下のヨーロッパに向けて行なわれる。 |

1940年の初夏、Bf109E-3はIII./JG51のヴェルナー・ピション-カラウ・フォン・ホーフェ技術中尉にゆだねられた。フォン・ホーフェ中尉は（スピットファイア3機を含む）敵機6機をバトル・オブ・ブリテンで撃墜している。

# 開発と発展の経緯
Design and Development

■スピットファイア

　歴史的名機をこの世に送り出した航空機メーカー、ヴィッカーズ・スーパーマリン社は、実のところ、スピットファイアの生産に着手するまでは、戦闘機設計の経験がなかった。しかし、飛行艇(フライング・ボート)や、1920年代から30年代にかけてヨーロッパ各地で盛んに行われたシュナイダー・トロフィーなどに参加した競技用水上機(フロート・プレーン)の設計で、高い実績と評価を得ていた会社であった。

　1922年、スーパーマリン・シーライオン複葉機がシュナイダー・トロフィーレースに優勝したことで、サウサンプトンのウールストン埠頭工場を拠点とした同社と、その主任設計技師レジナルド・ジョーゼフ・ミッチェルの名は一躍国際的に知られるようになった。以後9年間、スーパーマリン社はスピードレースの舞台で実績を重ね、S.4、S.5、S.6、など次々に新型の高速水上機を繰り出して世界記録を塗り替えていった。同社がロールスロイス社のエンジン開発部署と良好な関係を築けたのも、この間に積み重ねたレースでの実績があったからだ。

　1928年にヴィッカーズ社が大株主となったことで、スーパーマリン社は戦間期の不況を乗り切れた。第一次世界大戦以降、景気低迷の影響もあって軍需は低調で、事実、スーパーマリン社が受注していた軍関係の仕事は、RAFに納入した79機のサウサンプトン飛行艇くらいなものである。

　1931年、イギリス空軍省はRAFの次期新型戦闘機に関する要求仕様書F.7/30を提示したが、その内容は、時速225マイル（約360km/h）のブリストル・ブルドッグ——シュナイダー・トロフィー優勝機のS.6Bに比較して、せいぜい半分以上——を速度性能で上回ることを主眼としていた。また、口径.303インチの機銃を4挺搭載することが求められたが、これは現用の複葉戦闘機に比較して2倍の武装強化となる。

　当時、軍との大型契約を交わしていたイギリス航空会社はほとんどなく、要求仕様書F.7/30に対しては少なくとも8社が興味を示していた。スーパーマリン社は出力660hpのロールスロイス製ゴスホーク・エンジンを搭載したタイプ224単葉機を提出したが、全体では3種類の単葉機案が出されていた。ゴスホークは新機軸の蒸気冷却機構を採用したエンジンであり、従来の外部冷却装置に性能面で優っていた。当然、航空機の空力特性にも良好な影響が期待できる。真っ先に目につく強烈なひねりがついた低翼単葉と風防付き固定脚を装着したタイプ224は、1934年2月に初飛行したが、蒸気冷却と低翼単葉の組み合わせは、深刻なエンジン過熱を引き起こしてしまうことが、まもなく明らかになった [訳註1]。また、翼の厚みと固定脚がネックとなって、速度は時速238マイル（約380km/h）までしか上がら

訳註1：エンジンの重量軽減に取り組んでいたロールスロイス社は、大量のラジエーター用冷却水を不要とする蒸気冷却式のゴスホーク・エンジン開発に成功した。しかし低翼単葉機では構造上、ラジエーターを低位置に設置するほかなく、復水器から沸点近い凝固水をポンプで押し戻す際にトラブルが多発した。また機体外皮の裏側に冷却管を張り巡らせる方式は、ラジエーターの小型化を導き空気抵抗を軽減する効果は見込めたものの、軍用機の使用状況を考えれば運用面で弱点が多くなると見なされた。同社は1935年にエチレングリコール冷却の導入によって技術的成功を得たが、採用は見送られ、ゴスホークの生産は24基にとどまった。

スピットファイアMk.Iの最初期型にあたるK9798の処女飛行は1938年5月5日で、原型試作機K5054が初飛行してから実に26ヶ月も遅れてのことである。K9798はもっぱらスーパーマリン社の試験機として使用され、1941年春には武装を撤去して、写真偵察機に改造されたものの、同年末に撃墜されている。

ない。こうした状況を見れば、要求仕様速度を若干上回り、操縦性では申し分なかったグロスター社のSS37複葉戦闘機が選考に勝ち残ったのも不思議ではない。同社のゴーントレット戦闘機の発展形に位置づけられるSS37は、「グラディエーター」として採用され、イギリス空軍最後の制式複葉戦闘機となるのである。

だが、競争試作の失敗にくじけることなく、ミッチェルと彼のチームは引き込み式の主脚と、さらに強力なエンジンを用いることを前提とした、洗練された新型戦闘機の開発に乗り出す。エンジンについては、1934年末になってロールスロイス社が開発したP.V.12エンジン（後のマーリン・エンジン）が調達できたことで解決した。ロールスロイス社はP.V.12エンジンの出力を790hpと公称していたが、メーカー側は最終的にこのエンジンから1000hpを引き出せるだろうと期待している。同じ頃、末期ガンにかかっていたミッチェル技師は1933年に術後療養のためにヨーロッパを訪れたが、そこで数名のドイツ人飛行士に出会った。この時の体験がきっかけとなり、ドイツとの戦争が不可避であることを感じ取ったミッチェルは、彼らを空戦で圧倒する戦闘機開発に人生を捧げようと決意した。

財政面の問題は、P.V.12エンジン搭載の新型戦闘機開発に関心を抱いたヴィッカーズ社が、ミッチェルのチームに開発資金を割り当てたことで目処が付いた。こうして完成したのがスーパーマリン・タイプ300である。ところがウールストンで始まったこの独自開発機に対して、まもなく空軍省が関心を寄せてきた。そして1934年12月1日、ミッチェルの「改良型F.7/30」の試作開発に関する1万ポンドの契約が、空軍省とスーパーマリン社の間で決まり、この新型戦闘機はF.37/34と呼ばれることになった。

ロールスロイス製新型エンジンは、重量、サイズともゴスホークと比較して三分の一ほど大きい。そこで、タイプ224と比較して前方に偏った機体重心を調整するために、主翼端の後退角を減らした。結果、主翼形状は独特の楕円形となったが、スーパーマリン社の計算では、空力性能への悪影響は最小限に抑えられるものとなっていた。また、機体断面設計の変更に伴い、主翼の付け根部分の厚みが増したために、主脚を引き込むスペー

スも確保できた。

タイプ300の空力設計を担当したベヴァリー・シェンストーンは、著名な航空史学者アルフレッド・プライス博士に次のように述べている。

――機体形状についてR.J.ミッチェルと交わしたやりとりが今でも忘れられない。「機銃さえ収納してくれるなら、翼なんて長円だろうが何だろうがかまわない！」彼は冗談交じりに言うんだ。翼を楕円形にしたのは、翼をもっとも薄く、それでいて内部容積を最も多くとれる形を追求した結果なんだ。あとから発生する様々な要求に対応できるようにね。

ここでミッチェルの言葉として引用した機銃収納の問題は、1935年4月に起こった出来事を反映している。空軍省の作戦担当部署が、従来機の倍数の.303インチ ブローニング機銃を翼内に搭載できるかどうかと、スーパーマリン社に質問してきたのである[訳註2]。機銃は各々300発入りの弾倉とセットという要求も加えられていた。

もう一つ、完成を前にしたタイプ300は、P.V.12エンジンの冷却問題を克服しなければならなかった。ロールスロイス社は、今回の試作でもう一度、蒸気冷却装置に挑戦したいと考えていた。しかしタイプ224から根本的な問題点が解決できない以上、ミッチェルには従来の空冷エンジンを採用する以外に選択肢はない。こうして試作機は完成した。ところが、王立航空研究所のフレッド・メレディス技師が設計した気流ダクト式ラジエーターによって、エンジンに関する妥協は大きく解消した。高度上昇に応じて廃熱を含む空気を分岐ダクトから圧縮排出する際に得られる推力で、重量増加分の不利が相殺できるようになったのである。こうして1936年2月、イチン川沿いの土手に並ぶウールストン工場から、F.37/34試作機が誕生した。試作機の右翼下にはメレディスが考案した気流ダクト式ラジエーターが取り付けられていた。

地上走行テストを繰り返した後に、試作機は装備品を外された状態で、イーストリー飛行場に運ばれた。再装備を終えた機体は、機体登録番号K5054とRAFのラウンデルだけが塗装された状態で、航空検査委員会に引き渡された。1630時、K5054はヴィッカーズ社の主任テストパイロット ジョーゼフ"マット"サマーズ大尉の操縦によって、約8分の飛行をこなした。

4月初旬までに一連の初期試験を終えた試作機は、5月26日にいよいよマートルシャム・ヒースにあるRAF試験場に送られた。そして初歩的な飛行試験段階だけで、この機体が持つ潜在的能力が明らかになると（最高時速349マイル／約558.4km/hも判明した）、ただちに空軍省はヴィッカーズ・スーパーマリン社に同機生産タイプ310機を発注した。この新型戦闘機の名称を巡っては、いくつか論じるべき問題がある。歴史家ロバート・バンギに拠れば、ヴィッカーズ社はこの戦闘機を「気むずかしいご婦人」であるかのように見なし、「シュルー（トガリネズミと「じゃじゃ馬」の2つの意味がある）」と命名するつもりでいた。しかし、丹精込めて仕上げたエレガントな機体にふさわしいだろうか？ 案の定、これを聞いたミッチェルは「馬鹿な名前」だとこき下ろして一蹴した。最終的にはヴィッカーズ社のサー・ロバート・マクレイン会長が、この娘を「スピットファイア

訳註2：航空機の高性能化と空戦の高速化にともない、1930年代には戦闘機が敵機を射撃可能な時間はせいぜい2秒程度となっていた。この状況に対応するためには機銃の威力を上げるか、機銃数を増やして破壊力を維持するほかない。空軍省は後者に傾き、1934年7月、開発中の戦闘機に機銃8挺を搭載する方針を各メーカーに打診している。また、機銃の信頼性向上も求められた。空軍ではルイス製とヴィッカーズ製の機銃を使用していたが、ホーカー・ハリケーンでは、信頼性だけでなく軽量かつ経済性も優れたアメリカのブローニング機銃を搭載することになり、スピットファイアにも引き継がれている。ブローニング機銃の国産化に際しては、従来の0.30インチ（7.62㎜）から0.303インチ（7.696㎜）に口径を拡大した上でのライセンス生産契約がイギリスのBSA社とアメリカのコルト社との間で結ばれた。

右ページ・イラスト●ボブ・ドウ少尉に与えられたX4036は、第234飛行隊のエースパイロットであるパターソン・ヒューズ中尉の乗機でもあった。実際、このオーストラリア人パイロットは、1940年8月18日の午後に、この機体を駆ってワイト島上空の戦いに赴き、1./JG27のBf109Eを2機撃墜したと報告している。

スピットファイア IA　第603飛行隊所属機

29ft 11in (9.12m)

12ft 7.75in (3.85m)

36ft 10in (11.23m)

（かんしゃく持ち）」と呼ぶようになり、空軍省の認可を得た。スピットファイアの原型試作機はK5054の1機だけしか製造されなかったこともあり、前線に供する戦闘機として間違いがないように、繰り返し改修作業を受けている。1936年8月には、口径.303インチの機関銃8挺の他、光像式照準器と無線器の積載試験のために、K5054がイーストリーに戻されている例があり、他にも1936年から翌年にかけて、改良型マーリン・エンジンの換装作業が行なわれている。

1937年6月11日に、スピットファイアの生みの親であるレジナルド・J・ミッチェル技師が42歳の若さで逝去した。ガン告知を受けてから、残された人生をすべてスピットファイアに捧げていたミッチェルだが、それでも、この時点で飛行可能なピットファイアはK5054しか存在しなかった。ミッチェルの後任には、スーパーマリン社のジョー・スミス主任製図技師が抜擢された。彼はスピットファイア開発の重責も引き継いだことになる。

スミスが率いる開発チームに絶えずついて回った最大の問題は、高度3万2000フィート（9600m）まで上昇すると、翼内機銃が凍結してしまうことだった。1937年3月に発覚したこの問題は、翌年10月になっても解決の目処が立たずにいた。そして翼下ラジエーターから導引した廃熱を利用した解凍装置を取り付けることで、ようやく解決したのである。この時期になってようやく、予定より12ヶ月遅れで、戦闘機コマンドに初期生産分のスピットファイアが納入された。

手作業で仕上げた原型試作機では問題にならなかったが、応力外皮構造を用いたスピットファイアの機体が、工場設備での大量生産に向かないことが、まもなく明らかになった。楕円形の主翼も現行の工場設備では量産が難しい。初の全金属製の戦闘機ということもあって、生産はもちろん、

編註：ブローニング機銃の凍結〜コルト・ブローニング機関銃をイギリス国内で生産するに際して、口径.30インチを.303インチにボアアップするという単純な発想で対応はできない。アメリカの標準ライフル弾はスプリングフィールド30-06（7.62×63）弾だが、薬莢はリムレス、エキストラクター・グルーヴ形式、一方、イギリスは.303リー–エンフィールド（7.7×56）でリムド式。薬莢の大きさ等がまったく異なり、銃機関部（薬室周辺）に再設計の必要があった。これは自明のことなので採用に際しては含みおきだったが、試作・試射で重大な問題が浮上する。弾丸発射薬の性状が全く異なる（リー–エンフィールド弾は30-06弾より熱感度が高い）ことが原因で連続発射試験による暴発を招いたのだ。結果として本来クローズド・ボルトであった機構を放熱のためオープン・ボルトに変更するなど、多くの改修が必要となった。オープン・ボルトは、発射準備状態でボルト（弾薬を薬室に送り込み薬室後端を閉鎖する部品）が後退しているが、この状態で凍結が起きた。それを知らずに発射ボタンを押しても銃弾は発射されないが、機が高度を下げ外気温が上昇すると凍結が解消され、予期せぬ機銃掃射を行なうこととなった。ヒーター導入以前の機体では機銃不発のため帰還着陸した途端に機銃弾をばらまいたという事例が報告されている。

第19飛行隊はRAFで最初にスピットファイアを受領した部隊である。同隊では、1938年8月より、ゴーントレット複葉戦闘機からスピットファイアへの装備変換が始まった。ケンブリッジ州ダックスフォードを拠点とする同飛行隊は、1939年5月4日にフリート・ストリート・プレス社に公開を許可したが、写真はその時のものである。同誌発行日の正午、飛行隊に配属された11機のスピットファイアは、ダックスフォード上空をデモンストレーション飛行している。

訳註3：ヒトラーの再軍備宣言直後から、イギリスはすでに軍備増強に舵を切っている。RAFでは1934年7月に「拡充計画A号」を制定して本土防空戦力の増強に努め、1936年2月のF号計画ではじめて、世界最高レベルの戦闘機整備を盛り込むに至っていた。F号計画と同時に、ナフィールドのような自動車製造工場に機体やエンジンなど航空機用の生産設備を供与して、軍用機の生産に協力させることをもくろんだ「予備軍需工場」の体制も整いつつあった。こうして設けられた臨時軍需工場は「影の工場（シャドウ・ファクトリー）」とも呼ばれたが、その性質からドイツ軍は正確な情報を得ることができず、バトル・オブ・ブリテンでは主要爆撃目標から外れていた。

1939年夏、エセックス州ホーンチャーチを拠点とする第65飛行隊所属の6機のスピットファイアMk.I。雑誌掲載用に撮影された。編隊の指揮を執っているのは、やがて27機撃墜の記録を打ち立てるエースパイロット、ロバート・スタンフォード・タック中尉である。同年3月、第65飛行隊は、戦闘機コマンドに最初に納入された金属製3翅可変ピッチプロペラ装備のスピットファイアを受領していた。タック中尉はダンケルク撤退戦でも同隊で活躍し、スピットファイアMk.Iによる12機撃墜、2機協同撃墜が認められている。

修理や改修も困難なのだ。また原型試作機の設計図をそのまま量産タイプに流用するわけにはいかないので、量産タイプ用の設計図を新たに引き直す作業も加わってくる。しかしこれも、生産面での問題点が浮かび上がるにつれて手直しが要求される。以上のような変更が相次いだ結果、量産計画は1年も遅れることになってしまった。部材の裁断、鍛造、鋳造など、あらゆる段階で生じる問題に直面する度に、スーパーマリン社は熟練工を雇用して生産ラインを整えなければならなかったのである。

それでもミッチェルは、生産上のあらゆる問題を承知の上で機体性能の維持を最優先した。その結果、スピットファイア1機当たりの生産作業時間は、ハリケーン1機あたりに比べて2.5倍、Bf109Eに対しても2倍にまで膨らんだ。胴体製造には500もの作業工程があり、自社設備ではとうていまかないきれなくなったスーパーマリン社は、部材製造の多くを下請けに出すことを決めた。列記すると、翼の組み立てはジェネラル・エアクラフト社とポブジョイ社、翼の肋材はウェストランド社、前翼処理はプレスド・スチール社、エルロンと昇降舵はエアロ・エンジン有限会社、尾翼はフォーランド社、翼端処理はジェネラル・エレクトリック社、胴体はJ.サミュエル・ホワイト＆カンパニーといった具合だ。自社のイーストリー工場で行なうのは、最終組み立てとエンジン積載作業だけに絞ったのである。

以上のような複雑な事情を伴う遅延を問題視した空軍省は、1938年に（自動車製造企業である）ナフィールド・オーガニゼーションと契約を交わし、カースル・ブロミッチに新設する予備軍需工場にて1000機のスピットファイアMk.IIが生産されることになった [訳註3]。同工場からの最初の生産ロットは、1940年初頭にRAFに納入されている。もちろん、ナフィールド予備軍需工場での生産も、空軍省による要求仕様の変更や、同工場

における航空機製造の経験不足、賃金をめぐる労使間の対立など、様々な理由から順調とは言えなかった。しかし戦争が始まってしまうと、イギリス社会は戦時経済への速やかな移行に成功する。スピットファイアの生産ラインもフル稼働となり、最終的にはドイツの戦闘機生産ペースを凌駕してしまうのである。

　この頃までに、スピットファイアMk.Iは前線のパイロットの間で世界最良の戦闘機の一つであるという評判を盤石にしていたが、性能向上の努力は絶えず続けられていた。例えば、開発当初からの木製2翅固定ピッチプロペラは、デハヴィランド製またはロートル製の全金属製3翅2段可変ピッチプロペラに改められている。他にも、低いシルエットを形作っていた平型コクピットキャノピーは、パイロットの居住性に配慮して頭部周辺が膨らみを持つ形状に改められ、座席の背後と底面には鋼鉄製装甲板が追加された。これらは主に、大柄なパイロットに歓迎された改良点となった。コクピットのフロントガラスは、積層ガラスに付け替えられている。また、イギリスの沿岸各地に新型レーダーを備えた防空監視基地が次々と建設されている状況に対応して、敵味方識別装置（IFFトランスポンダー）も導入された。

　1938年8月に第19飛行隊が最初にスピットファイアMk.Iの配備を受けた部隊となったが、それから1年のうちに10個飛行隊が同機の配備を終えていた。世界最良の戦闘機同士が相まみえるまで、残された時間はほんの数ヶ月しかない。

## ■Bf 109

　第二次世界大戦においてスピットファイアが直面した最強の敵が、Bf109である。1934年3月、バイエルン航空機製造株式会社（BFW）のアウグスブルク-ハウンシュテッテン工場において、Bf109の開発が秘密裏に始まった。1926年にウーデット航空機工場を取得して以来の、長い航空機製造の歴史を誇るBFWだが、メッサーシュミット航空機会社と合併した結果、同社の創業者であり、ディプロム（大学の所定単位を修了後、試験合格者に与えられる学位）であるヴィリ・メッサーシュミットが新事業の主導権を握ることになった。

　第一次世界大戦に敗北したドイツでは、1919年に批准したヴェルサイ

右ページ●バトル・オブ・ブリテンで、スピットファイアを相手に際立った戦果をあげたヘルベルト・イーレフェルト中尉の乗機。1940年8月30日、彼は2.(J)/LG2の飛行中隊長から、I.(J)/LG2の飛行隊長に昇進した。その翌月、パ・ド・カレのマルキーズ飛行場からの出撃で、中尉は少なくとも15機目となるスピットファイアの撃墜を報告している。

1935年5月28日、メッサーシュミットBf109V1（製造番号758）が、アウグスブルク-ハウンシュテッテン飛行場にて初飛行した。操縦桿を握ったのは、同社の専任テストパイロット、ハンス-ディートリッヒ・"ブーヴェ"クネーチュである（写真に姿はない）。競争試作機のハインケルHe112V1と同様に、本機も695hpのロールスロイス製ケストレル・エンジンを搭載していた。写真は、初飛行直前にエンジンを始動している場面。

Bf 109E-4　I.(J)/LG 2所属機

8.80m

3.23m

9.90m

ユ講和条約の制限で軍用航空機の開発が禁止されていた。そこで航空各メーカーは、1920年代後半から30年代初頭にかけての時期に、軽貨物輸送機や旅客機、スポーツ機の開発に力を入れて技術を磨いていた。このような事業を通じて、ハインケルやアラド、ドルニエ、フォッケウルフ社などの有力メーカーは、例えば片持ち式低翼や応力外皮構造のセミモノコック式胴体、引き込み式降着装置、密閉式コクピットなどの先進技術を習得したのである。もちろん、メッサーシュミット社も例外ではない。

　ヴェルサイユ講和条約の制限にもかかわらず、航空戦力の重要性を早くから認識していたドイツ国防軍上層部は将来の空軍創設を視野に入れつつ、1920年代には秘密裏にパイロット育成に着手していた。1933年3月1日、ドイツの総統となったアドルフ・ヒトラーは空軍の創設を宣言したが、すでにソ連領内で稼働していた各種空軍学校の卒業生によって、充分なパイロットが育っていたのである。

　こうして誕生したドイツ空軍、すなわちルフトヴァッフェの運営を監視するために、ヘルマン・ゲーリングを大臣とするドイツ航空省（RLM）が設立された。同省の航空機設計責任部署が技術部であり、BF109の誕生にも多大な影響を与えている。

　ルフトヴァッフェ（ヤークトヴァッフェ）の戦闘機隊では、創隊当初はハインケルHe51とアラドAr68を主力戦闘機としていた。これらは補強材を多用した複葉機で、スパッツ付きの固定脚に開放式コクピットを採用した、第1次世界大戦の影響を色濃く残した機体である。実際、速度性能はHe70のような民間機とさほど変わらず、He111と比べれば、ややましといった程度である。

　当然、ドイツ空軍は主力戦闘機の近代化を強いられ、1933年7月6日に航空省技術第Ⅱ部の通達で、次期戦闘機に関する要求仕様書がまとめられた。機銃2挺（各弾丸500発）ないし機関砲1門（弾丸100発）搭載可能な昼間戦闘用単座機というのが、航空省の要求である。以上の基本コンセプトに加え、空対空および空対地無線器や安全ハーネス、酸素供給システム、脱出用パラシュート、パイロット用の暖房設備などが盛り込まれていた。速度400km/hを20分間維持し、1万9500フィート（約5900m）まで17分で到達し、かつこの高度に最低でも1時間とどまれる上昇性能が求められている。実用最高高度は3万3000フィート（9,900m）とされた。

　操縦性の観点では、高度低下を起こさずに旋回し、スピンからも素早く立ち直ること。また離昇性能では、平均的なパイロットの操縦で、軍の標準的な飛行場（約400m四方）から離陸できることが求められた。雲中、霧中での飛行に備えた装備はもちろん、（9機までの）編隊による離着陸も要求に組み入れられている。また輸送時の利便性を考慮して、鉄道用貨車に積載可能な大きさにまとめることになっていた。

　この競争試作に関しては、すでに戦闘機納入に実績があるハインケル社やアラド社、フォッケウルフ社が有利であろうという見方が大方で、戦闘機開発が未経験のメッサーシュミット社は、最初から選外だったと言える。しかし同社は1920年代末から30年代にかけて低翼片持ち式のスポーツ機開発に存在感を見せ、1934年にはヨーロッパ航空機コンテストに出品する4人乗り旅客機の開発にも成功していたことから、航空省は同社に競争試作への参加資格があると考えていた。事実、ヴィリ・メッサーシュミットが設計したM23は、1929年、1930年と国際コンペに連続優勝し、この飛行機

写真は国防軍兵士の雄姿を際立たせるプロパガンダ素材として使用されたBf109B型で、暫定的に装着されたシュヴァルツ製木製プロペラが確認できる。撮影時期は1937年中期。Bf109がルフトヴァッフェに初めて納入されたのは、同年2月のことである。

訳註4：軽量戦闘機とはいえ、翼面積の小ささが後々に運用面で及ぼす悪影響を危惧されたBf109は、失速防止用に前例がない前縁スラットを備えている。ハンドレページ式と呼ばれるスラットは、風圧とバネを利用した簡易自動式で、風圧が弱い低速時は前方にせり出して揚力を稼ぎ、高速時には風圧に押されて収納位置に納まる仕組みになっていた。

訳註5：戦闘機の胴体後半部は、フレームと側桁を最初にくみ上げてから外板を張る工法が一般的だが、Bf109はプレス整形した外板を接合してから桁を通し、完成した左右のパーツを上下面で接合して胴体後部とする「モナカ方式」を採用していた。この工法なら必ずしも熟練工の手は必要なく、大量生産に向いた組み立て方法だった。

は最終的にBf108となっている。

　先鋭的なBf108に盛り込まれた数々の特徴は、当然、Bf109の試作機にも導入された。外板接合には空気抵抗に配慮した沈頭鋲を使用し、応力外皮構造、片持ち式の単翼はもちろん、翼端には（低速飛行時の運動性を向上させる）ハンドレページ式の前縁スラットが装着されていた [訳註4]。また幅が狭くて不評だったが、主脚は胴体に据え付けられていて、外側に開くように翼桁の前部に収納されるようになっていた。

　1934年の競争試作にこそ勝ち抜けなかったものの、Bf108はかなりの余力を残して最高速度を記録したことがルフトヴァッフェに認められ、万能機や練習機として長い間活躍する姿が見られた。

　Bf108の成功に自信を得たメッサーシュミットは、すでに述べた機構を盛り込んだBf109の開発に本格的に乗り出した。前縁スラットに加えて、翼の後縁にはフラップが装着されたが、これらの新機軸は（エンジン出力の増大のおかげで）コンパクトにまとめられ、結果としてBf109は比類なき機動性を獲得できた。胴体部は楕円形の断面となる軽金属製モノコック構造で、二分割された部材は、中心線に沿って接合される仕組みになっている [訳註5]。

　とりわけ重要なのは、軽量戦闘機であるBf109の心臓部に、ユンカース社やダイムラー・ベンツ社が開発した新世代エンジンである倒立V型12気筒エンジンを採用したことだろう。このうちユンカース社のJumo210（680hp）が最初に試作機のエンジンとして選ばれたのは、ダイムラー・ベンツ社のDB600Aa（960hp）より先に完成が見込まれていたためである。しかし、Jumo210は予定通りに完成しなかったため、試作機Bf109V1には、ロールスロイス社のケストレルVI（695hp）を搭載して間に合わせることになった。

　Bf109V1は1935年5月初頭に完成し、地上試験をこなした後に、メッサーシュミット社の専任テストパイロット、ハンス-ディートリヒ・"ブーヴェ"クネーチュの操縦で、アウグスブルク-ハウンシュテッテン飛行場から離陸した。5月28日のことである。以上の自社テストの後、試作機はレヒリン飛行試験場に送られて、一歩踏み込んだ試験を受けることになった。その結果、Bf109が競争機のHe112V1（同じくケストレル・エンジンを積載）を、速度と機動性の両面で凌いでいることが明らかになった。

　1935年10月、Jumo210Aを搭載したBf109V2が初飛行に成功すると、そ

の3ヶ月後には同機の試験が行なわれた。Bf109V2は胴体上部のカウリング内に2挺のMG17 7.9mm機銃を内蔵している。さらに1936年6月に登場したBf109V3はMGFF/M 20mm機関砲をエンジン同軸武装として追加されている。この直後、航空省はメッサーシュミット社とハインケル社に対して、先行量産型を10機ずつ納入する契約を交わし、最終試験に臨むことになった。

同年秋、トラーフミュンデにて次期主力戦闘機に関する最終公式試験が行なわれ、急滑りや急横転、急旋回、ダイブなどの各種評価項目においてBf109は特筆すべき性能を見せた。水平飛行時における速度や上昇率でHe112を上回るだけでなく、前縁スラットのおかげで急旋回時の旋回半径も小さくまとまっていたからだ。部外者の目にも、Bf109の優位は明らかであり、Bf109は文句なしにドイツ空軍の次期主力機の座を獲得したのである。

先行量産型となる10機のBf109B-0は、1936年11月に初飛行を終え、翌月には3機がスペインに送られて、コンドル兵団のもとで実戦運用された[訳註6]。スペインでは様々なトラブルが噴出したものの、メッサーシュミット社とルフトヴァッフェにとっては願ってもない経験となり、1937年2月にはのBf109B量産型の部隊配備が始まった。

当初、Bf109Bはメッサーシュミット社のアウグスブルク-ハウンシュテテン工場で生産されていたが、制式採用となれば、当然、生産設備の拡充を強いられる。結果、レーゲンスブルクに新工場を設立することが正式に決まり、「ベルタ」と呼ばれたBf109Bの生産は、間を置かず新工場に移された。その一方で、メッサーシュミット社の開発部門はアウグスブルクに残り、後続機の開発を続けていた。

Bf109Bを最初に配備した部隊は、ユーテルボク-ダムを拠点とするII./JG132"リヒトホーフェン"で、1937年2月に配備が始まると、次々に旧型のHe51と交換された[訳註7]。同じ頃、スペイン共和国軍がI-15やI-16などのソ連製戦闘機を投入して戦力バランスが悪化すると、ルフトヴァッフェに納入が始まったばかりにもかかわらず、16機のBf109Bがスペインに送られている。機材とともにスペインに同行したII./JG132の兵員は、現地で2./J88を編成して戦闘準備に入った。しかし、部隊展開が始まったのは4月からだが、実戦は7月に発生したブルネテの戦いまで待たなければならなかった。この時に彼らはソ連製のポリカルポフ戦闘機に遭遇している。もともとポリカルポフが俊敏な格闘戦向けの戦闘機であることも手伝って、高度1万フィート（3300m）以下では、両機は互角の戦いを繰り広げたが、それ以上の高度になるとBf109Bの独壇場となり、上空から急降下で襲いかかる「ベルタ」の前に、共和国軍の戦闘機は次々に落ち落とされていった。コンドル兵団のパイロットはスペイン内戦で培った上空からの強襲を基本戦術として、第二次世界大戦に突入するのである。

一方、その頃のドイツ本国では、1937年6月にダイムラー・ベンツ製DB600Aa（960hp）を搭載したBf109V10が初飛行に成功するなど、改良の動きが加速している。DB600AaはJumo210に比較すると全長と重量で上回っているので、重心位置の調整のために、メッサーシュミット社では機体の再設計と、新型の冷却装置の開発に着手した。結果、機首のエンジン後部下面の他に、翼面下部にも2つの薄型ラジエーターが取り付けられることになった。またユモ製エンジンを搭載した従来のBf109Bに関しても、VDM-ハミルトン製の2翅プロペラに代えて、3翅プロペラを導入している。以上

訳註6：1936年7月に発生し、1939年4月まで続いたスペイン内戦において、フランコ将軍が率いるナシオナリスタ（反乱軍）を支援するために、ヒトラーはコンドル兵団と呼ばれる少数の義勇兵部隊の派遣を認めた。この兵団の主体は空軍兵士で、これに若干の陸海軍部隊が支援にあたった。戦闘機部隊は第88戦闘大隊（J88）としてまとめられ、最大4個中隊が編成に加えられている。ドイツ軍はスペイン内戦を新兵器の実験場と位置づけて、積極的に戦闘機や爆撃機、戦車、高射砲などの最新兵器を送り込んだ。実戦に即して得られた経験や新戦術は、第二次世界大戦の緒戦でドイツ軍が成し遂げた電撃的勝利の主要因にもなっている。部隊史については小社刊「コンドル兵団 世界の軍装と戦術1」に詳しい。

訳註7：デーベリッツ飛行隊を前身にルフトヴァッフェ創隊当初から戦闘機部隊としての歴史を持つJG132"リヒトホーフェン"は、Bf109の部隊配備後、ナチス・ドイツの威嚇外交の尖兵として存在感を見せた。ズデーテン併合後の1938年11月、戦闘機隊に軽戦闘機と重戦闘機（後の駆逐機）の区分が設けられたのを皮切りに、同航空団は幾度かの改編を経た後、JG132を母体として1939年5月1日に第2戦闘航空団、JG2"リヒトホーフェン"となる。バトル・オブ・ブリテン後も北フランス、本土防空戦と、主に西側連合軍を相手に最前線で戦い続け、24名もの騎士十字章受賞者を輩出する、ルフトヴァッフェでも屈指のエリート部隊となった。JG2の戦歴については、小社刊「第2戦闘航空団リヒトホーフェン オスプレイ軍用機シリーズ28」が詳しい。

の変更は機体重量の増加となって跳ね返ったため、胴体および降着装置の強化も必要となった。こうして改良された機体が、バトル・オブ・ブリテンの主役、Bf109Eの原型となるのである。

　1937年7月は、以上の改良を受けた新型戦闘機のデビューとなった。ユモ製エンジンを搭載した3機と、ダイムラー・ベンツ製エンジンを搭載した2機、合計5機のBf109がスイスのチューリッヒ–デューベンドルフで開催された第4回国際航空競技会に参加したのである。1週間にわたって開かれた競技会で、ドイツ代表は次々とスピード記録を打ち立てて勝利し、メッサーシュミット社のBf109は、世界にその名をとどろかせた。

　その年の暮れまでには、カッセルにあるゲルハルト・フューゼラー社工場でもBf109Bの生産が始まり、4個飛行隊と、スペインの2個飛行中隊が同機を装備するようになっていた。

　1938年春になると、燃料直接噴射タイプのJumo210Ga（730hp）を搭載したBf109Cが登場した。機種機銃のほか、翼内機銃も搭載して武装を強化したC型を最初に配備したのはⅠ./JG132である。しかし、C型の生産数はわずか58機にとどまり、まもなくJumo210Daエンジンを搭載したBf109Dの生産に移行している。D型の生産数は657機で、主にライプツィヒのエルラ機械工場やブレーメンのフォッケウルフ航空機工場で組み立てられた。

　Bf109C/D型の納入先は言うまでもなくルフトヴァッフェであるが、一部の機体はコンドル兵団の装備としてスペインに送られた。共和国軍のソ連製戦闘機との戦いはいまだ続いていたのだ。しかし、この戦場を舞台に、コンドル兵団には次々とエースパイロットが誕生している。代表的なエースとしては、ヴェルナー・メルダース（14機撃墜）、ヴォルフガング・シェルマン（12機撃墜）、ハロ・ハーダー（11機撃墜）などが挙げられるだろう。後にBf109Eを与えられたエースたちは、第二次世界大戦が始まると、例外なく加速度的に撃墜スコアを伸ばしてゆくことになる。

　ルフトヴァッフェの戦闘機パイロットたちがスペインの空で貴重な経験

Bf109E-1のMG17同軸機銃用弾倉に弾薬を装填中の地上要員。各機銃は1000発もの豊富な弾薬が用意されていた。機銃や弾倉の整備を容易にするために、コクピット前面のカウリングを取り外している点に注目。

を積んでいる間に、本国では戦闘機隊が急速な拡張を続けていた。1938年9月19日までに、Bf109C/D型の配備数は583機となっていたが、DB系エンジンの調達不良がボトルネックとなって、Bf109Eの配備計画は躓いていた。1930年後半のこの時期は、戦闘機よりも爆撃機の生産が優先されていたという事情もある[訳註8]。DB600系エンジンは、優先的にHe111爆撃機の生産に割り当てられていたのだ。1938年にはまた戦闘機の生産が優先されるようになり、DB601Aエンジンの生産遅延も、ダイムラー・ベンツ社の生産体制強化によって解消の目処が立っていた。この新型エンジンは旧来のDB600に類似しているが、採用している燃料直接噴射装置は、フロートキャブレター式よりも格段に優れていた。DB601Aのおかげで、マイナスG状態の飛行時にも性能低下を回避できるようになったのに加え、燃費が向上したことで、航続時間も伸びている。

　離昇出力1175hpのDB601Aエンジンを得て、比類なき離陸および上昇性能を手に入れたBf109E-1、通称「エーミール」の生産は1938年12月から始まった。翼面過重の上昇は、旋回半径と失速速度の悪化を招いた嫌いはあるが、すばらしい単座戦闘機であることは明らかだった。D型と同様、Bf109E-1の武装は機首カウリング内のMG17機銃2挺と、翼内機銃2挺であり、機首機銃は各々1000発、翼内機銃は500発入りの弾倉を備えていた。またRevi C/12C反射式射撃照準器と、40マイル（約65km）の通信可能範囲を持つFuG.7無線器を搭載している。

　1939年初頭には、翼内機銃をMG17からMG FF 20mm機関砲に交換したBf109E-3が生産ラインに乗った。この機関砲は、Bf109C-3が装備していたのと同じ機関砲である。MG FF機関砲は60発しか装弾できなかったが、破壊力は抜群だった。ひとたび前線配備が始まると、E-3 "カノーネンマシーネ" は初期世代のBf109シリーズにおける最良の機体に位置づけられ、敵戦闘機に対してとの戦いを想定した状態では、どの派生型よりも優れた機体であるとの評価を得ている。

　スペイン内戦には約40機のBf109E-1およびE-3が送られているが、到着直後の1939年3月にナショナリストの勝利で内戦が終結したため、実戦を経験できたE型は3機にとどまっている。

　第88戦闘大隊に所属してスペイン内戦を経験した戦闘機パイロットは200名を数えるが、彼らこそが開戦以降、ドイツ軍の快進撃を支える尖兵となった者たちである。先行してE型を与えられていた一部のパイロットの機体に続き、1939年1月1日から9月1日までの間に、空軍には1,091機のBf109Eが納入された。機体の製造速度に追いつくべく、DB601系エンジンは4つの工場でフル生産状態にあり、Bf109Eの組み立て作業は、レーゲンスブルクのメッサーシュミット工場の他、エルラやフィーゼラー、オーストリアのヴィーナー-ノイシュタット航空機工場でも行なわれていた。

　ドイツ軍がポーランド侵攻を開始した1939年9月1日の時点では、少なくとも28個飛行隊がBf109のB型～E型のいずれかを装備していた。こうして、メッサーシュミットが育てた戦闘機がヨーロッパ上空を席巻する準備が整ったのである。

訳註8：1930年代を通じて軍用機の性能は大幅に向上したが、その中で戦闘機は自国領土に侵攻してくる敵爆撃機の迎撃が主任務とされ、防御兵器に位置づけられていた。敵国を攻撃するのは爆撃機の任務であるため、長駆侵攻する爆撃機の護衛として、各国は熱心に戦略戦闘機の開発に力を入れている。ルフトヴァッフェが戦略戦闘機として導入したのがBf110双発戦闘機である。熱心に推進したゲーリングの肝いりで「駆逐機」と名付けられ、優秀なパイロットが優先的に割り当てられた駆逐航空団が編成されるほどの期待を寄せられた。早々に敵の組織的抵抗が見られなくなったポーランド戦やフランス戦では、期待通りの活躍を見せている。しかし、格闘戦能力に劣る駆逐機は、本来、単座戦闘機の敵ではなく、バトル・オブ・ブリテンではスピットファイアやハリケーンに一方的に撃墜されて、大損害を被っている。

# 技術的特徴
Techinical Specifications

■スピットファイア

◎スピットファイア原型機　K5054

　K5054はヴィッカーズ・スーパーマリン社が製造したスピットファイアの原型機である。1936年3月5日に初飛行してから、量産タイプのスピットファイアMk.Ⅰ（K9798）が飛行に成功する1938年5月14日までの期間、唯一の原型機であるK5054はあらゆる試作試験に検証機として使用された。主に手作業で製造されたK5054は、スーパーマリン社とRAFの両方から入念な試験を受け、段階的に改良されつつも優れた性能が認められた。この実績があって、1936年に同機を原型とした310機のスピットファイアMk.Ⅰ受注に結びつくのである。搭載機銃の試験も入念に行なわれた。プロペラの改良により速度が上昇したほか、外板処理の方法を変更したことで、一機当たりの製造コストと製造時間を減らすこともできた。出力990hpのマーリンC（後のマーリンⅡ）から1035hpのマーリンF、そして1,030hpのマーリンⅢへと段階的に改良されたロールスロイス製のエンジンも、完成するたびにK5054で試された他、機銃の氷結防止処理実験にも用いられている。短い運用期間中、二度、着陸の失敗で大破しているが、1938年11月末をもって、K5054の試作試験器としての役割は終わった。この頃には、量産タイプのスピットファイアMk.Ⅰが、試験機として20機ほど供されていたからだ。「高速実験」機としてファーンバラに送られたK5054は、1939年9月4日に着陸事故で再生不能となり、登録抹消された。

◎スピットファイアMk.Ⅰ

　最初の量産タイプであるスピットファイアMk.Ⅰは、手作りだったK5054と多くの点で異なるが、特に顕著なのが内部構造である。スピットファイアの外見的特徴をなす楕円形の主翼が大幅に構造強化された結果、機体の耐久最高速度は時速380マイル（608㎞/h）から470マイル（752㎞/h）へと飛躍的に上昇した。フラップの可動範囲も57度から90度まで広がり、燃料積載量も75英ガロンから84英ガロンに増加している（1英ガロンは4.546リットル）。他にも追加装備や細部の改修が行なわれ、結果として機体重量はK5054よりも460ポンド（208.7kg）も重い5819ポンド（2639kg）となった。Mk.Ⅰの初期生産分64機はマーリンⅡエンジンを搭載していたが、残りのMk.Ⅰ/ⅠAは出力1030hpのマーリンⅢを搭載していた。また78番目の機体からは、ワッツ製の木製2翅固定ピッチプロペラに代えて、デハヴィランドないしロートル製の3翅2段可変ピッチプロペラを採用している。結果、離昇距離は従来の420ヤード（384m）から225ヤード（206m）

にまで短縮され、上昇速度や最高速度も向上するとともに（581㎞/hから587km/hに上昇）、操作性も改善された。1938年8月、第19飛行隊がまず最初にスピットファイアMk.Iの配備を受けたが、数ヶ月間は実際の飛行評価を踏まえた改修に費やされている。例えば、エンジン始動時のもたつきは、より強力なスターター・モーターに切り換えることで解決できたし、手動操作だった降着装置は、エンジン連動の油圧式昇降装置と交換された。また、長身のパイロットに配慮する必要から、キャノピーも大型化している。第二次世界大戦が始まってまもなくすると、今回の戦争ではパイロットの生存性を高めるために装甲強化が必須であることが判明する。スピットファイアMk.Iはもともと装甲を重視しておらず、キャノピー正面の風防にも厚めの積層ガラスがはめ込まれているだけだった。そこでまず、胴体内の燃料タンクを守る0.12インチ（3㎜）厚の軽合金製カバーで覆い、座席の底面と背後に重量75ポンド（34kg）の装甲板を装着した。1940年春、RAFはこれまで使用していたオクタン価87のガソリンに代えて、オクタン価100のガソリンを使用するようになった。スピットファイアMk.Iのマーリン・エンジンも、この高品質ガソリンに対応するように改造された結果、パイロットはマーリンIIIエンジンの損傷を気遣うこともなく、スーパーチャージャーを最長で5分間使用することができた（最高速度は54.7㎞/h上昇）[訳註9]。また、戦争勃発後、すぐにIFFトランスポンダー（敵味方識別装置）が装着されたことで、地上のレーダー監視員は、追跡中の機体の所属を知ることができた。最後の改良点となるが、バトル・オブ・ブリテンの直前、前線に配備されたスピットファイアはすべて、上下に約15

訳註9：ダンケルク撤退戦からバトル・オブ・ブリテンにかけてのわずかな期間に、スピットファイアの能力、特に上昇性能が大幅に増加したのを見たドイツ軍パイロットは、その秘密がオクタン価100ガソリンにあることに8月下旬まで気づかなかった。当時、オクタン価100ガソリンの生産技術を持っているのはアメリカだけであり、イギリス空軍省は苦心の末にこの戦略物資をアメリカから調達していたが、1939年9月の戦争勃発とともにアメリカ議会が発動した戦時中立法によって輸出が禁止されて、入手の道が絶たれてしまう。最終的にルーズヴェルトが現金即時払いを条件に輸出を認めたため、バトル・オブ・ブリテンにはどうにか間に合った。

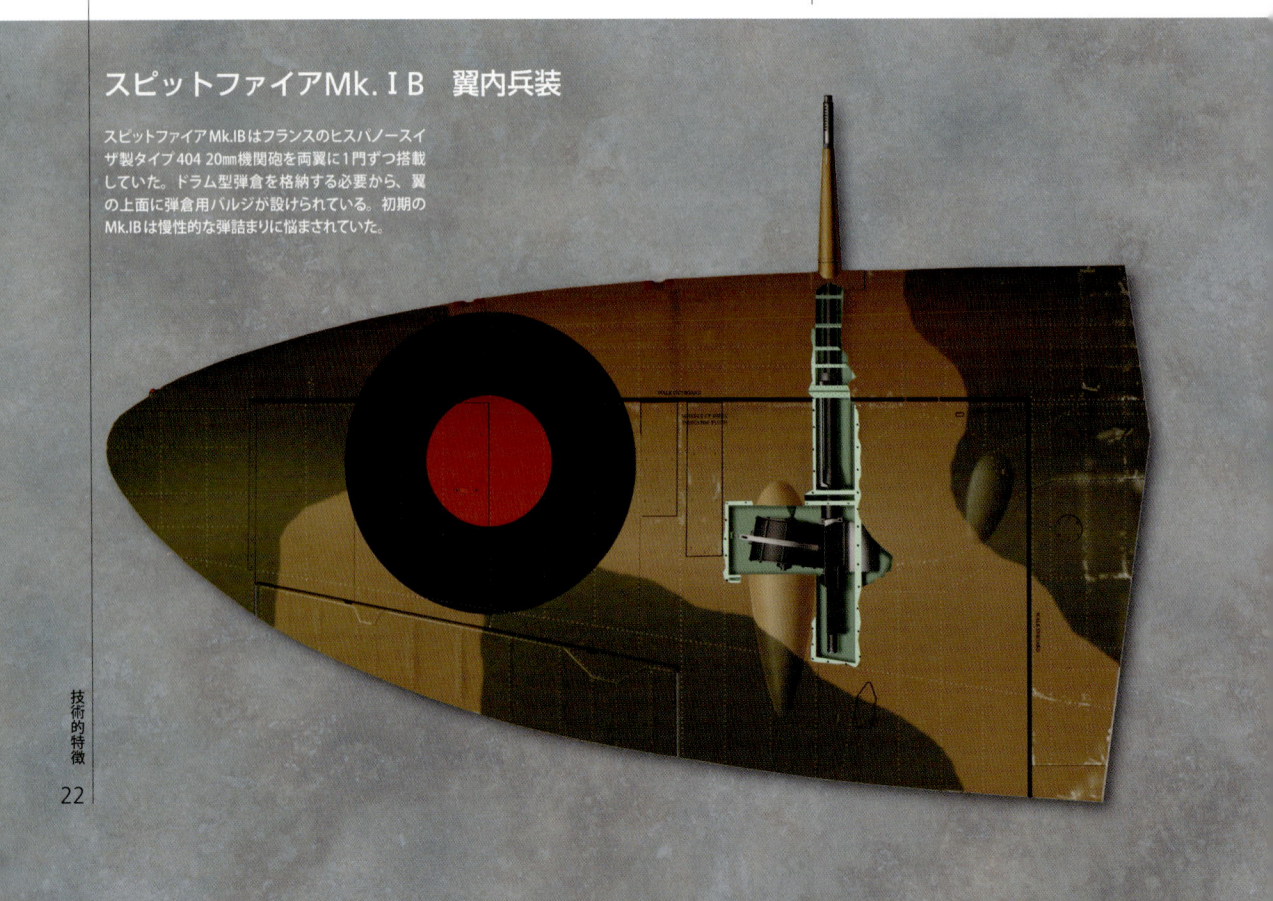

## スピットファイアMk.IB　翼内兵装

スピットファイアMk.IBはフランスのヒスパノースイザ製タイプ404 20㎜機関砲を両翼に1門ずつ搭載していた。ドラム型弾倉を格納する必要から、翼の上面に弾倉用バルジが設けられている。初期のMk.IBは慢性的な弾詰まりに悩まされていた。

cmの間隔をとった「二段式」ステップの方向ペダルを装備するようになっていた。戦闘に突入したなら、まずパイロットは上段ステップに足を置き直し、体の傾きを機体に水平に近づけるのである。こうすることで一時的な視覚喪失、すなわちブラックアウトに陥るまでの耐性限度を1Gほど引き上げ、厳しい旋回にも肉体がついて行けるだろうと期待されたのだ。スピットファイアMk.Ⅰの生産は1938年4月に始まり、1941年3月に終了するまでに1,567機が完成した。

◎スピットファイアMk.ⅠA

　1940年夏、カースル・ブロミッチ以外の工場で生産された、ブローニング.303インチ機銃を8挺搭載した状態の機体はスピットファイアMk.ⅠAと呼ばれた。これは機関砲搭載型のスピットファイアMk.ⅠBと区別するためである。

◎スピットファイアMk.ⅠB

　スピットファイアMk.Ⅰの配備が始まってから間を置かず、RAFは防弾式燃料タンクを搭載した敵重装甲爆撃機との戦闘を想定した、武装強化型スピットファイアの開発に乗り出した。重機関砲の評価を行なってきた結果、主武装にはサイズが適切であることから、フランスのヒスパノ-スイザ製タイプ404 20mm機関砲が選ばれた。この機関砲の長所は初速が大きく、徹甲弾が使用できることにある。すぐさま同機関砲に関するライセンス生産契約が結ばれた。1939年6月、試験機となったスピットファイアMk.Ⅰ（機

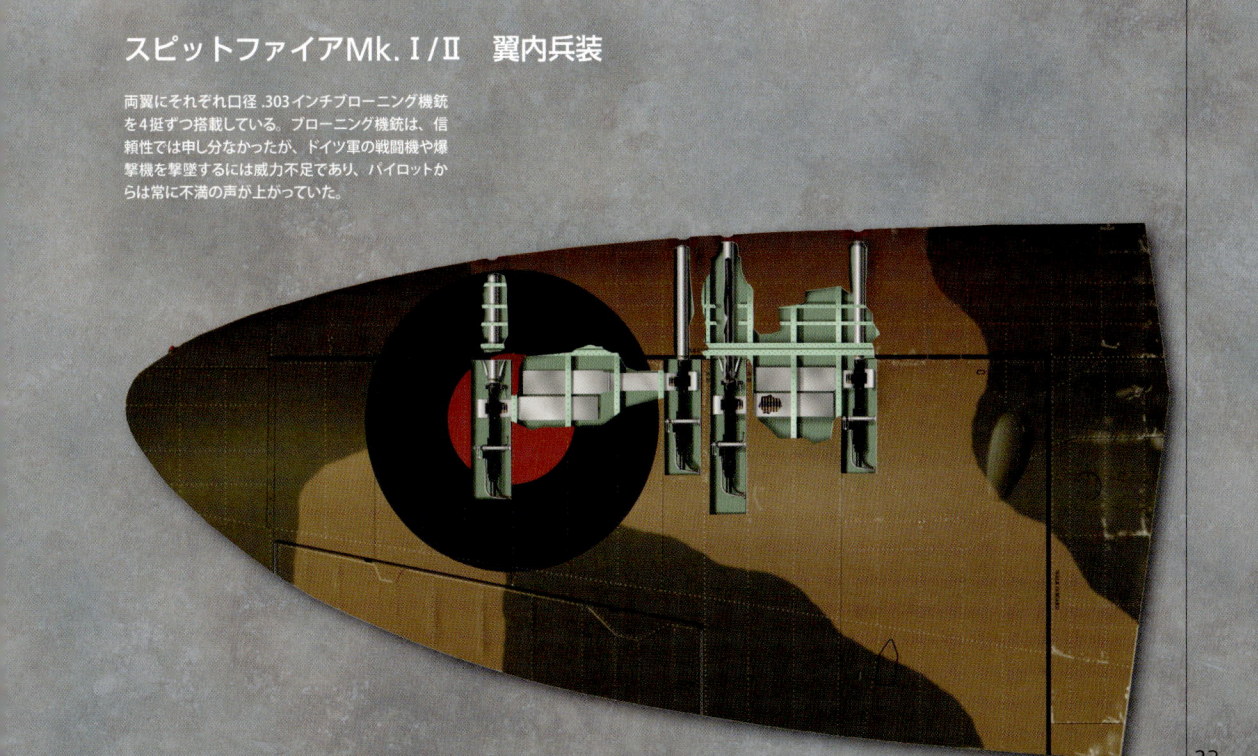

## スピットファイアMk.Ⅰ/Ⅱ　翼内兵装

両翼にそれぞれ口径.303インチブローニング機銃を4挺ずつ搭載している。ブローニング機銃は、信頼性では申し分なかったが、ドイツ軍の戦闘機や爆撃機を撃墜するには威力不足であり、パイロットからは常に不満の声が上がっていた。

体登録番号L1007)の8挺の機銃をすべて撤去して空けた翼内スペースに、20㎜機関砲2挺を据え付けた。飛行試験は、翌月、マートルシャム・ヒースで実施された。この機体では機関砲のドラム弾倉を格納する都合から、主翼上面に小さな張り出し（バルジ）を設けなければならず、銃身の一部は主翼前縁からむき出しになっている。また、機関砲の本体を横向きにして収納しなければならないため、機体がマイナスG状態で射撃すると排莢がうまくできず、頻繁に弾詰まりを起こした。そして、一方が弾詰まりすると、残った機関砲の反動がひどすぎて機体の挙動にまで悪影響を及ぼし、実質的に正確な射撃は不可能となってしまうのである。RAFのエンジニアは改良に取り組み、1940年春には問題はほぼ解決して、生産ラインに乗せることができた。最初の機体は、1940年6月にダックスフォードの第19飛行隊に持ち込まれたが、2ヶ月後に部隊が実戦に入ると、機体は慢性的な弾詰まり問題が解消していないことがわかり、まもなく機関銃装備のスピットファイアMk.ⅠAに交換されてしまった。その年の秋を通じ、弾詰まりのトラブルを解消するための努力が重ねられ、60発入りの専用弾倉──5秒間の連続射撃が可能──を開発して一応の解決を見たが、外翼側に合計4挺のブローニング機銃を残すことにした。こうして誕生したスピットファイアMk.ⅠBは、1940年11月に、第92飛行隊に配備されている。

スピットファイアⅠの機銃と弾倉は150個のズース・クイックアクセスファスナで留められた22枚の外板に覆われていた。熟練した地上要員が4名かかれば、30分ほどでスピットファイア1機あたりの弾薬補給を終えることができた。写真の機体は第602「シティ・オブ・グラスゴー」飛行隊所属機で、1940年4月、イースト・ロウジアンのドレム飛行場で撮影された。

写真は左翼下面に40英ガロンの外部燃料タンクを装着したスピットファイアMk.II長距離仕様）で、1941年春から同年暮れにかけての時期、戦闘機コマンドはこのスピットファイアを爆撃機護衛任務に投入した。全体で60機しか製造されていないため、機体は第10および第11飛行群の間で使いまわされた。写真のMk.II（長距離仕様）には第66飛行隊所属を示す'LZ'の識別記号が描かれている。

◎スピットファイアMk.II A/B

　立ち上がりこそ遅れたものの、ナフィールド・オーガニゼーションによってカースル・ブロミッチに建設された巨大な予備軍需工場では、1940年6月からようやくスピットファイアの生産体制が動き始めた。この工場のスピットファイアは、他の工場で生産中のスピットファイアMk.Iと実質的に同じ機体だったが、エンジンはマーリンIIIより110hpほど出力が上昇したマーリンXIIを搭載している点で異なっている。スピットファイアMk.IIと呼ばれたこの機体は、1940年7月に最初に第611飛行隊に配備され、順次、第19、第74、第266飛行隊へと配備が進んだ。1941年7月にナフィールド工場で飛行機生産が終了するまでの間に、751機のスピットファイアMk.IIAと、機関砲および.303機銃4挺を搭載した170機のスピットファイアIIBが製造された。

◎スピットファイアMk.IIA（長距離仕様）

　1940年5月から6月にかけて発生したダンケルク上空の戦いでは、スピットファイアの行動半径不足が明らかになった。そこでスーパーマリン社は外部燃料タンクによって航続距離を伸ばそうと考えた。しかし、1940年夏、左翼下面に30英ガロンの外部燃料タンクを装着したスピットファイアMk.I（機体登録番号P9565）が完成したものの、バトル・オブ・ブリテンの勃発によって緊急性が薄れてしまい、運用は1941年まで持ち越しとなった。最終的には左翼下面に40英ガロンの外部燃料タンクを装着した60機のスピットファイアIIA（長距離仕様）が生産され、1941年春から実戦に投入された。重量バランスの問題から操縦性が悪く、また標準装備のIIA型より42km/hも遅いにもかかわらず、1.5倍近い燃料を積載したスピットファイアIIA（長距離仕様）は、ヨーロッパの軍事拠点攻撃に向かう爆撃機の護衛を期待どおりにこなしたのである。

上空から識別されないように、胴体のバルケンクロイツが布で覆われている。8./JG2所属のBf109E-1のそばで地上要員が休息している場面。撮影された1940年6月には、同部隊は北フランスで哨戒任務についていた。入念な迷彩塗装が施された写真の機体は、ゲオルク・ヒッペル伍長の乗機である。

### ■Bf109E

　Bf109Eはバトル・オブ・ブリテン当時のドイツ軍主力戦闘機だった。主要な派生型は次の通りである。

#### ✚Bf 109 V10

　1937年6月、先行量産型のBf109のエンジンはユンカース製Jumo210Ga（730hp）からダイムラー・ベンツ製DB600Aa（960hp）へと換装される。BF109V11～V14（V13とV14は1937年7月の第4回国際航空機競技会に参加した機体である）も段階的にDB600Aaの供給を受けている。これら4機種の特徴はエンジン換装に伴う冷却装置の変更にあり、ユモ製エンジン搭載時の機首下部大型ラジエーターに代えて、薄型のラジエーターを装着しているほか、左翼下部の小型ラジエーターを撤去して、両翼下面に長方形のラジエーター用空気取り入れ口を設けている。またスーパーチャージャー用の空気取り入れ口も、機体右側面上部から左側面下部に移された。またBf109Bで採用されていたVDM-ハミルトン製の2翅プロペラを廃してVDM製3翅プロペラを採用した。以上の変更を盛り込んだ機体は、1938年末に登場するBf109Eの原型機となった。

#### ✚Bf 109 V14～V16

　この3種類の試作機は、1938年夏にDB601A（1050hp）エンジンを搭載する形で登場した機体であるが、本命視されたBf109Eは、エンジンの信頼性が低いことが原因となり、その年の暮れまで生産計画が遅れていた。事前にDB600Aaエンジンを搭載したV14型は翼内にMG FF 20㎜機関砲2挺の他、カウリングの上部にはMG17 7.92㎜機銃2挺を内蔵していた。V15はMG17機銃しか搭載していない。

✚ **Bf 109 E-0**

　先行生産機である10機のBf109E-0型は、各種の試作型試験と同時進行で、エンジンおよび武装の評価試験用として1938年秋に納入された機体である。外見はBf09V14に類似しているが、武装は翼内およびカウリング内の計4挺のMG17機銃だけだった。

✚ **Bf 109 E-1**

　DB601Aの問題点が解決した1938年11月から、Bf109E-1の生産が急ピッチで進められた。エンジン供給が滞っていたために、1938年秋からずっと、アウグスブルク-ハウンシュテッテン工場では機体だけが大量の在庫になって積み上げられていたのである。Bf109E-1の武装は翼内とカウリング内の合計4挺のMG17機銃のみである。E-1型はドイツとオーストリアの4カ所の工場で、1939年だけでも1540機が製造された。1940年になると、胴体下部にETC500/IXbまたはETC500/VIIIb爆弾ラックを装備したBf109E-1/B戦闘爆撃機型への改修作業も始まっている。また、エンジンにDB601N（1270hp）を搭載したのがBf109E-1/Nである。DB601Nは、凹型に代わり平面ピストンヘッドを採用、オクタン価96のC3燃料を使用可能なエンジンだった。Bf109E-1/B戦闘爆撃機型の実地試験は、第210実験飛行隊にゆだねられた。同飛行隊は1940年7月に、海峡における敵船舶駆逐作戦にこの新型戦闘爆撃機で臨んでいる。もっぱら急降下爆撃として運用されたが、50kg～250kg爆弾を使った実戦テストは大成功を収めた。これを受けて、1940年夏には多くの戦闘航空団が1個飛行中隊分のBf109E-1/Bを配備することが決まり、まとまった数のE-1、E-3、E-4型各種が戦闘爆撃機型（ヤークトゲシュヴァーダー）に改修されることになった。

1940年8月末、ノルマンディ地方のケルクヴィルで撮影されたBf109E-3の珍しいカラー写真。手前はヴェルナー・マホルト中尉の機体であると考えられている。中尉は1940年から`41年にかけて13機のスピットファイアを撃墜している。

✚ **Bf 109 E-3**

　1939年初夏、1機のBf109E-0先行量産型が、1175hpの改良型エンジン

DB601Aaを搭載しての飛行試験に成功した。この機体はBf109V17と呼ばれたが、正式にはE-3型への発展を視野に入れての飛行試験である。この改良型エンジンはクランクケース内にMG FF 20mm機関砲を格納して、プロペラ同軸機銃とすることが可能だった。しかし、これは理論上の想定であり、実際にBf109D-1を使って装着してみると、振動がひどく、加熱による弾詰まりも頻発するため、前線での使用例はほとんど見られなかった。Bf109E-3は、翼内機銃をMG17からMG FF機関砲に換装した機体で、1挺につき60発入りの弾倉によって給弾される。1939年後半になると、Bf109E-1の生産ラインはE-3型向けに徐々に改められたが、両機の違いは、武装だけにとどまっている。そして最終的に、Bf109E-3はEシリーズにおける最多生産機種となった。また、座席に厚さ8mmの防弾板を装着し、キャノピーにも頭部保護用の防弾板を取り付けたのは、1940年5月から6月にかけてのフランス戦の教訓を取り入れた結果であった。1940年初夏には、キャノピーに平面構成の角形プレキシグラスが多用されるようになり、従来の透明ガラス製キャノピーに比べて経済性も向上している。1940年には、E-1型同様、E-3型にもB型やN型などの派生機が多数製造され、さらに時間を追ってE-4型やE-7型へと段階的に改修を受けた。

### ✚ Bf 109 E-4

E-3型と類似したBf109E-4の生産が始まったのは、1940年半ばのことである。本機の特徴は、MG FF同軸機関砲を放棄したことにある。代わりに翼内武装としてMG FF機関砲の改良型であるMG FF/M 20mm機関砲2門を搭載していた。燃料タンクには防弾処理が施され、キャノピー内には頭部保護用の装甲板が装着されていたことからわかるように、E-4型はもっぱらE-1ないしE-3型の改修機体である。Bf109E-4にもB型、N型の派生機が存在する。1941年初頭、北アフリカ／地中海方面に送られたⅠ./JG27の

第26戦闘航空団司令官アドルフ・ガランド中佐の乗機Bf109E-4が砂礫帯でタキシングしている場面。1940年12月23日、アブヴィルで撮影。

1940年10月、マルキーズ飛行場で出撃準備を済ませたI.(J)/LG2所属のBf109E-4/B。機体中央下部の爆弾ラックには4個の50kg爆弾が懸架してある。各々の爆弾にはホイッスルが付いていて、爆撃時に発する特異な音響により心理的効果を高めている。機体後部には第2飛行中隊を表す帽子のエンブレムが描かれている。

Bf109E-4は、砂漠という特殊な環境に配慮して、インテークに防塵フィルターを装着したほか、砂漠用のサバイバルキットを搭載していた。この派生機は熱帯仕様、つまりBf109E-4/N Trop.と呼ばれている。

### ✚ Bf 109 E-5/6

E-4型の改修作業と同時期に、翼内武装を撤去し、コクピット背後のスペースにツァイス製Rb21/18偵察カメラを搭載した少数のBf109E-5が生産されている。Bf109E-6は武装を残したまま、より小型のRb12.5/7×9カメラを、同じくコクピット背後に搭載した派生型である。1941年初頭には、熱帯仕様のBf109E-5/Trop.もごく少数だが製造されている。

### ✚ Bf 109 E-7

E-4/N型からの直系にあたるBf109E-7は、66ガロンの落下式外部燃料タンクないし各種爆装が可能という特徴を持つ。Eシリーズ共通の航続距離の短さは、フランス戦役の終盤にいたり、戦闘機隊(ヤークトヴァッフェ)の足かせになることが判明したため、落下式燃料タンクの開発が急がれた。ところが、急遽、追加装備としてお目見えした落下式タンクは燃料漏れがひどく、戦闘中に引火することを恐れたパイロットからの不満を解消できなかったこともあって、1940年末までほとんど普及を見なかった。そこでメッサーシュミット社では、最初から落下式タンク装着兼用の爆弾ラックを標準装備したBf109E-7を開発した。これなら容易に、状況に応じて戦闘爆撃機と長距離侵攻戦闘機への切り替えができる。落下式機燃料タンクを搭載できるEシリーズの機体は、E-7型と、ほぼ同型のE-8型だけである。しかし、E-1/B型、E-3/B型、E-4/B型などのBf109戦闘爆撃機型を運用してみると、外部装備を搭載した状態では、エンジンに過度な負担がかかることが明らかになった。そこでメッサーシュミット社ではDB601の負荷を軽減するため、

## Bf 109 E-4　胴体機銃

Bf109E-4はそれまでのEシリーズ同様、DB601エンジンの真上にあたるカウリング内に2挺のMG17機銃を搭載している。各機銃は1,000発入り弾倉が用意されている。給弾装置分の幅を確保するために、左機銃が若干前にずれて取り付けられているのが目を引く。

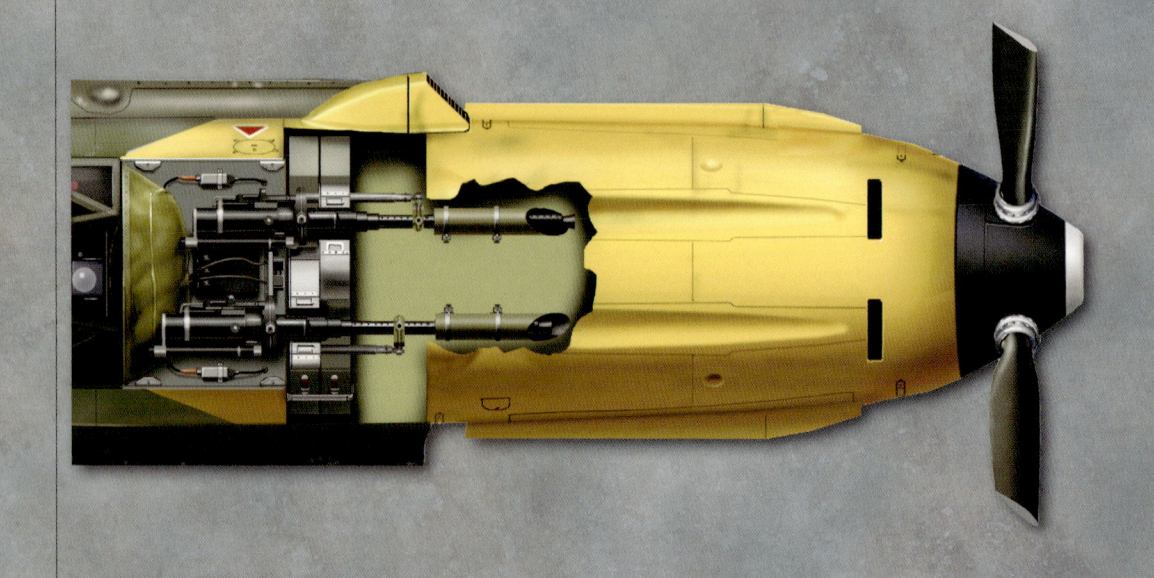

## Bf 109 E-4　翼内機関砲

Bf109E-4はエリコン製MG FF/M 20mm機関砲を最初に搭載した機体である。この機関砲は、通常の徹甲弾より破壊力に優れた炸裂弾を使用できる。ただし、発射速度の遅さや反動の大きさ、かさばるT60回転式弾倉などが嫌われ、1940年末からはMG151機銃に置き換えられていく。

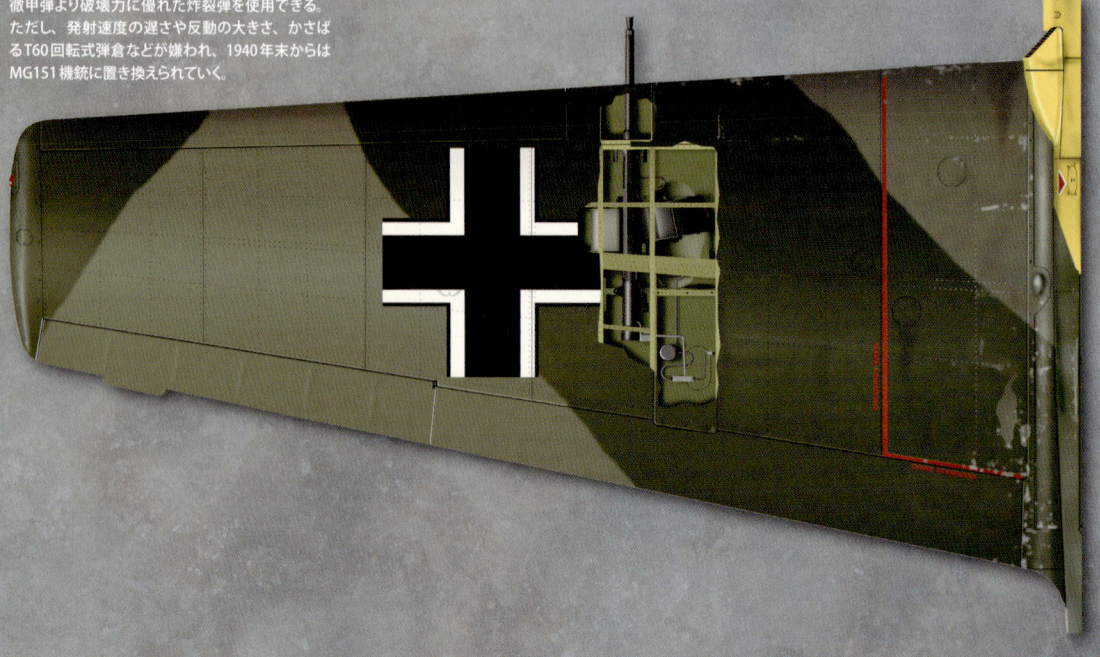

9リットルの潤滑油タンクを追加した。Bf109E-7がフランスに展開する部隊に最初に引き渡されたのは1940年8月であるが、これは新造機ではなく、E-1型、E-3型、E-4型を工場で改修した機体であった。1941年に入ると、Bf109E-7/Trop.も登場。同年末にはDB601N用のGM1亜酸化窒素燃料ブースターを装備した高々度戦闘用のBf109E-7/Zが姿を見せている。

### ✚ Bf 109 E-8/E-9

Bf109E-8およびE-9はメッサーシュミット社が投入したEシリーズの最終型にあたるが、どちらもE-1型、E-3型、E-4型の改修機であり、1940年秋に初めて戦場に姿を見せた。新機軸はスーパーチャージャーなどの改良により1350hpもの出力を獲得したDB601Eエンジンを搭載したことにある。パイロット保護用の防弾装甲の他に、Bf109E-7同様、E-8型は落下式燃料タンクを装着できる。Bf109E-8/NはEシリーズでは最高のDB601Nエンジンを搭載し、戦闘爆撃機型のE-8/Bも存在する他、1941年には熱帯仕様のBe109E-8/Trop.も投入された。Bf109E-9はE-8型をベースとした偵察機で、Rb50/30偵察カメラを搭載している。1942年に入ってまもなくBf109Eの生産は停止するが、Eシリーズの合計生産数は4,000機以上に達していた。

### Bf 109 E-3 および スピットファイアMk.IA の性能比較

|  | Bf 109 E-3 | スピットファイア IA |
|---|---|---|
| 動力 | DB 601Aa (1,175hp) | R&R マーリンIII (1,030hp) |
| **基本寸度** | | |
| 全幅 | 9.90m | 36ft 10in (11.23m) |
| 全長 | 8.80m | 29ft 11in (9.12m) |
| 全高 | 3.23m | 12ft 7.75in (3.85m) |
| 翼面積 | 16.35㎡ | 242sq ft (21.78㎡) |
| **重量** | | |
| 自重 | 2,010kg | 4,517lb (2,050.72kg) |
| 全備重量 | 2,609kg | 5,844lb (2,653.18kg) |
| **性能** | | |
| 最大速度 | 560km/h (高度15,000ft) | 346mph (556.8km/h) (高度15,000ft) |
| 航続距離 | 560km | 415マイル (667.86km) |
| 上昇所要時間 | 高度20,000フィートまで 7分45秒 | 高度20,000フィートまで 7分25.2秒 |
| 実用上昇限界 | 11,000m | 30,500ft (9,296.4m) |
| 武装 | MG FF 20mm機関砲×2、MG17 7.92mm機関銃×2 | .303インチ ブローニング機関銃×8 |

# 対決前夜
The Strategic Situation

　イングランド南部が爆撃に対して無防備であることは、第一次大戦時にドイツから飛来したツェペリン飛行船やゴータ爆撃機の経験が如実に示している。この時の戦いでは、複葉戦闘機を駆ったイギリス軍の防空部隊は、苦戦の末にロンドンをはじめイングランド南西部諸都市への爆撃をどうにか退けた。しかし1940年に同盟国フランスが敗れ去ると、この地域は前大戦よりもずっと不利な戦略的状況のもと、空からの脅威にさらされることになった。防空の要となるのはRAFの戦闘機コマンドが指揮する19個のスピットファイア飛行隊となるだろう。だが、今回の戦いに直面するドイツ軍は前大戦よりもいっそう手強く、ポーランドを皮切りに、瞬く間にヨーロッパを席巻した革新的な電撃戦の一翼を担うルフトヴァッフェにおいて、その先鋒をもって任じるBf109Eは、恐るべき戦闘機としてその名を轟かせていた。電撃戦とは、戦車をはじめとする機械化された諸兵科連合部隊が、戦闘機や爆撃機から直接支援を得ながら敵戦線を突き破り、ごく短時間のうちに敵の指揮中枢を麻痺させてしまう戦い方を指す。

　陸軍がポーランドで圧倒的な勝利を飾ったとき、実質18日間で終了してしまった空の戦いに、Bf109の姿はほとんど見られなかった。ポーランド救援のために、9月3日に英仏両国がドイツに宣戦布告したため、ドイツ空軍としては両国による爆撃に備えなければならなかったからだ。しかし西部国境で防空任務にあたったBf109は、敵の姿を捉える機会を得ることはほとんどなかった。またポーランド戦で撃墜された67機の大半は、空中戦ではなく、偽装して駐機している敵航空機を探して低空飛行しているところを、対空砲火によって打ち落とされたに過ぎなかった。

　ポーランド戦からフランス侵攻が始まる1940年5月10日までの間に、Bf109部隊は、他のルフトヴァッフェ諸部隊同様、居座り戦争（ジッツ・クリーク）または連合軍側からは奇妙な戦争（フォウニー・ウォー）と呼ばれた状況に直面していた。しかし、地上部隊の動きはほとんど見られない一方で、両軍の航空機は、主に偵察目的で、防備が固められた国境要塞（フランス軍のマジノ線や、ドイツ軍の西方要塞、ジークフリート線など）を頻繁に越えていた。この間の軍事行動はもっぱら独仏国境の最北端を占める三国国境地帯（ドライレンダーレック）に集中していた。フランス側から見た場合、ドイツの心臓部であるルール工業地帯への最短ルートがこの地域の上空にかぶっていたからだ。

　「奇妙な戦争」においては、ヴェルナー・メルダース中尉やロルフ・ピンゲル中尉、ハンス・フォン・ハーン中尉など、多くのエースパイロットがBf109Eを駆って戦果をあげている（階級は当時のもの）。彼らBf109戦闘機乗りたちの獲物は、イギリス大陸遠征軍（BEF）の支援で北フランスに駐屯していたRAF派遣部隊のハリケーン戦闘機や、北海沿岸のドイツ港

湾を爆撃すべく飛来するブレニム、ウェリントンといった爆撃機である。しかし、スピットファイアを相手にする戦いは写真偵察機型との遭遇にとどまり、1940年の3月と4月に、それぞれ1機の撃墜を確認したのみだった。この期間に、戦闘航空団は160機以上の戦果を挙げたことが確認されたが、Bf109パイロットの多くが、この戦いで貴重な実戦経験を積んでいる。

　バトル・オブ・ブリテンに先立つフランス戦で、ルフトヴァッフェが保有する単座戦闘機は、誇張ではなくすべて、対フランス、低地諸国戦に投入されている。27個戦闘飛行隊はすべて第2航空艦隊と第3航空艦隊の麾下に入って、西方要塞沿いに前進配備された。1,016機以上のBf109Eと、1,000名を超えるパイロットが、西ヨーロッパ上空の制空権をもぎとってやろうと手ぐすね引いていたのである。

　ドイツ軍の作戦計画は「黄作戦」と「赤作戦」が策定した2つの攻勢軸から成っていた。「黄作戦」はベルギー南部のアルデンヌ森林地帯を突破して北フランスの連合軍包囲を目指す全面攻勢で、これら低地諸国に重きを置いて配置されたイギリス大陸遠征軍およびフランス軍主力との激突が予想された。マジノ線のような恒久陣地に拠りながら迎撃する作戦方針を立てていた連合軍の裏をかき、ドイツ軍は戦車部隊による迅速な突破から間髪入れず海峡の制圧を成し遂げることによって、連合軍を背後から瓦解させようと考えていたのだ。これが図に当たり、策源から切り離された低地諸国および同地に展開していた英仏連合軍部隊は、降伏を余儀なくされてしまう。「赤作戦」は残敵掃討が主眼であり、ソンムを横切って中部フ

スペイン内戦におけるドイツの撃墜王、ヴェルナー・メルダースは黎明期の戦闘機隊における偉大な戦術家でもあった。写真は1940年8月後半、乗機のBf109E-3から降りようとしている場面で、彼はバトル・オブ・ブリテンでは第51戦闘航空団（JG51）を指揮して大戦果をあげ、自身も13機のスピットファイアを撃墜している。ルフトヴァッフェでは最初に100機撃墜を達成した大エースだったが、1941年11月22日に事故死してしまう。生涯の撃墜スコアは115機。

バトル・オブ・ブリテンに際して、ドイツ軍はノルマンディやブルターニュ（ブリタニー）、チャンネル諸島など各所を拠点として単座戦闘機による戦闘航空団を展開した。

ランスを制圧する作戦計画に過ぎない。

　黄作戦の支援任務についた戦闘航空団は、第2航空艦隊のJG2、JG26、JG27、JG51であり、ドイツ軍の猛攻撃に立ち向かってくる連合軍戦闘機の排除をもっぱらとした。5月12日、連合軍の戦線背後に機甲突破をはかる地上部隊と共同する形で、第3航空艦隊の戦闘航空団も動き始めた。2日後の5月14日、セダンを巡る激戦において、ムーズ河にかかる軍橋を破壊するために、連合軍は爆撃機部隊を繰り出してきた。この戦いでBf109部隊は少なくとも89機を撃墜して、ドイツ軍の勝利に貢献している。しかし、目覚ましい成功に満ちているにもかかわらず、西方戦役では支援継続に不可欠な予備機材や燃料、弾薬の不足に直面するなど、戦闘機隊（ヤークトヴァッフェ）が重大な危機にさらされていたことも事実である。電撃戦に直面した連合軍の降伏が早かったことから、補給が突破地点に届かなかったと言うだけで済んだのは不幸中の幸いである。5月の戦いでのBf109喪失機数は147機（これにはノルウェー戦での損害も含まれる）で、続く6月は88機が失われた。

　しかし、北フランスでの戦いがダンケルクにまで及ぶにつれて［訳註10］、補給線が長大になると、主に燃料や交換部品の欠乏と、前線の環境悪化（しばしば農場が仮設飛行場として使用された）が重なり、戦闘機隊（ヤークトヴァッフェ）内の支援体制は慢性的な低調に陥った。パイロットの疲弊も甚だしい。ところが皮肉なことに、ダンケルク撤退戦の段階になって初めて、Bf109部隊はイングランド南部から飛来するスピットファイアと相まみえることになった。ダンケルク港から兵士を乗せてイングランドに向かう無数の船舶に対し、ルフトヴァッフェは爆撃機部隊を繰り出して撃滅をはかったが、RAFの戦闘機コマンドは爆撃阻止に成功した。肝心のBf109には作戦可能な衛星飛行場がなかったために、爆撃航空団や急降下爆撃航空団を適切に支援できなかったのである。これは、続く夏の出来事の予兆にもなっていた。

　ダンケルク撤退戦は6月3日をもって終了したが、赤作戦に伴うフランスでの戦いは、停戦合意が成立する6月22日まで続いている。対フランス戦勝利の立役者になったBf109部隊の大半は、この期間は前線から退いて本国に帰還し、続くイギリス侵攻に備えて戦力の回復に努めていた。

■両軍の部隊編制

　西方電撃戦、すなわち対フランス戦同様、バトル・オブ・ブリテンでも空軍の最前線に立ったのは、第2および第3航空艦隊だった。そして、この攻勢作戦に投入されたBf109部隊を統括するのが第2および第3

訳註10：1939年9月のポーランド戦以降、独仏国境、低地諸国（ベネルクス3国）では、フランス軍による小規模なザール侵攻が行なわれた他は、散発的な空戦しか発生していなかった。しかし1940年4月9日、連合軍に先んじてドイツがノルウェー侵攻作戦（ヴェーゼル演習）を開始したことで、同地を巡り激しい戦闘が勃発している。ドイツ海軍水上部隊は大損害を被ったが、戦闘はドイツ軍優勢のうちに進み、フランスでの戦局悪化もあって6月8日に連合軍部隊はノルウェーから完全撤退した。バトル・オブ・ブリテンでは、「鷲攻撃」に呼応して、ノルウェーとデンマークに展開した第5航空艦隊の爆撃航空団がイングランド東部に攻撃を仕掛けるものの、第13飛行群のもとで休養、再編成中にあったハリケーンやスピットファイア飛行隊による迎撃で大打撃を被り、以降、バトル・オブ・ブリテンに対して具体的な貢献は見られなくなった。

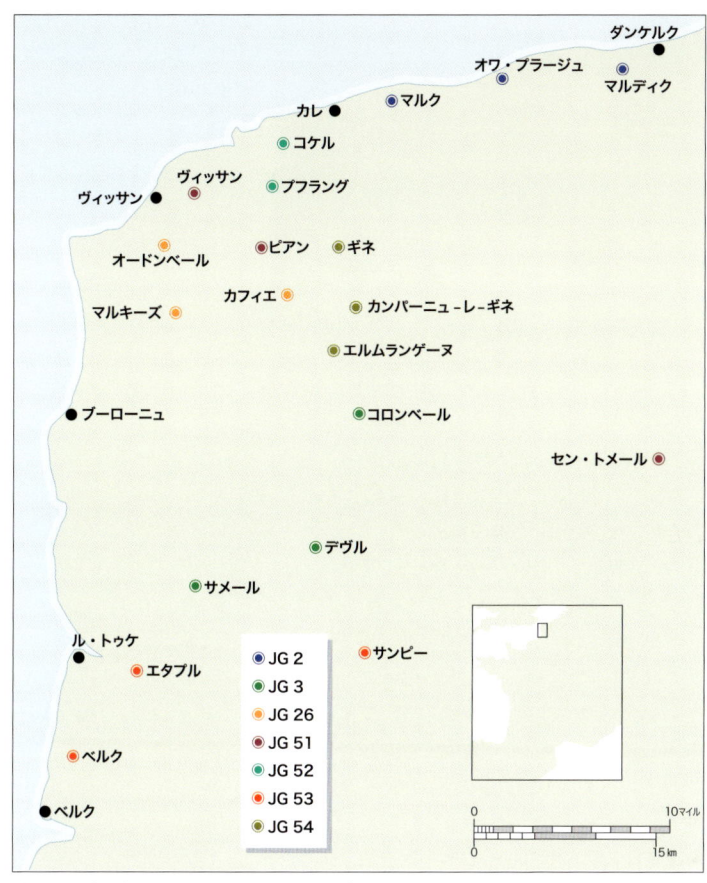

バトル・オブ・ブリテンを迎え、パ・ド・カレ周辺に展開していた戦闘航空団の拠点。

凡例:
- JG 2
- JG 3
- JG 26
- JG 51
- JG 52
- JG 53
- JG 54

戦闘方面空軍司令部(ヤークトフリーガーフューレ)である。

1941年の攻勢転換に伴い、公式に航空団(ウィング)を編成したイギリスと異なり、ドイツ軍の戦闘機隊(ヤークトヴァッフェ)は戦争が始まる前から集団化が進められていた。1940年では、戦闘機隊(ヤークトヴァッフェ)において、12機編成を基本とするイギリスの飛行隊に該当するのが飛行中隊(シュタッフェル)であり、当初は戦闘機9機が割り当てられていた（この数は戦争の進展に伴い16機に増加する）。飛行中隊長には通例、大尉か中尉が任じられる。1個飛行中隊には約10名のパイロットと、80名前後の地上要員が配属されている。飛行中隊の番号は、通常、アラビア数字によって書き表される。

1940年時点では、3個飛行中隊と司令小隊を1単位として飛行隊(グルッペ)を編成しているが、この飛行隊が、ルフトヴァッフェにおける基本的な作戦単位、管理単位となる。通常、1飛行場には1個飛行隊が割り当てられるが、バトル・オブ・ブリテンでは、配下の飛行中隊がパ・ド・カレやノルマンディ、ブルターニュ、チャンネル諸島などに点在する簡素な飛行場に分派されるケースも多かった。飛行隊長に任命されるのは少佐か大尉で、35～40名のパイロットと300名以上の地上要員を率いることになる。飛行隊は、Ⅰ、Ⅱ、Ⅲというようにローマ数字で表記される。

航空団(ゲシュヴァーダー)は空軍部隊の中で装備機の種類に関連づけられた最大規模の部隊である。バトル・オブ・ブリテンでは8個戦闘航空団(ヤークトゲシュヴァーダー)がBf109Eを装備して戦っていた。内訳は、パ・ド・カレの第2航空艦隊に5個戦闘航空団（JG3、26、51、52、54）、ノルマンディ、ブルターニュ、チャンネル諸島を管轄する第3航空艦隊に3個（JG2、27、53）である。この他に第210実験飛行隊第1飛行中隊と第2教導航空団第Ⅱ飛行隊（Ⅱ.(Schl.)/LG2）がBf109E戦闘爆撃機型を配備していた。航空団の配備機数は90～95機で、大佐～少佐が指揮する。

戦闘航空団を直接指揮するようになるのが、前述の戦闘航空司令部で、バトル・オブ・ブリテンでは第2および第3戦闘航空司令部が前線指揮をとっていた。この組織はやがて航空軍団(フリーガーコーア)の一部に組みれられるようになるが、戦闘序列で航空軍団の上に立つのが航空艦隊である。1940年時点で、ルフトヴァッフェは4個航空艦隊を編成していた。航空艦隊は、完全に独立した戦略単位であり、自らの編制内に戦闘機、爆撃機、偵察機、地上攻撃機、輸送機などの部隊をそろえていた。

1940年から`41年にかけて、ヴェルナー・メルダース少佐の最高の友人にして、最大のライバルだったのが、III./JG26の飛行隊長アドルフ・ガランド少佐である（後にJG26の司令官に昇進）。写真はバトル・オブ・ブリテン初期にマルキーズ飛行場で撮影されたガランド少佐の乗機Bf109E-3で、ラダーには22本の撃墜マークが描かれている。

　1940年7月から8月初旬にかけて、戦闘機隊は海峡沿岸に段階的に進出した。7月20日時点で北フランスには809機のBf109Eがいたが、8月10日には809機まで増加している。
　増強を続けるドイツ軍戦闘機隊に対峙するのは、ハリケーン飛行隊29個（462機）とスピットファイア飛行隊19個（292機）である。すでに述べたように、RAFの戦闘機コマンドは、ドイツ軍のように明確な階層的部隊編制をとっていない。代わりに、RAFではサー・ヒュー・ダウディング大将[訳註11]が最高指揮を執る戦闘機コマンドの元に指揮権が集中していた。開戦前には、ポーツマスからクライド川に至るイギリス国内の主要拠点防空には（各々が12機からなる）飛行隊46個、戦闘機736機が必要だと見積もられていた。フランス戦役〜ダンケルク撤退戦で、イギリス空軍は300機の戦闘機を喪失していたが、この損失は7月には穴埋めできていた。こうした状況で、ダウディングは来るべきルフトヴァッフェの攻撃からイギリスを守りきるだけの戦力があるという自信を深めていた。
　戦闘機コマンドの創隊は1936年だが、これはドイツの再軍備を受けて、空軍省主導のもとに行われたRAFの再編成で誕生した4つのコマンドのうちの1つである[訳註12]。司令部はベントリー・プライオリー*に置かれ、イギリス本土防空を目的として、戦闘機コマンドは当初、3個の戦闘機集団（グループ）を指揮することを想定していた。第11飛行群はイングランド南東部、第12飛行群は中央部、第13飛行群は北部およびスコットランドを担当するのである。フランス降伏に続く1940年7月8日には、イングランド南西部の防空部隊として第10飛行群が新編された。
　飛行群の担当地域はそれぞれ識別用の符号が与えられた防衛区域（セクター）に分けられ、最終的にはその指揮所が置かれる飛行場の名前で呼ばれるようになる。とりわけロンドンおよびイングランド南東部の防空を担当する第11飛行群は、1940年のイギリスにとってまさに生命線だった。司令部はベントリー・プライオリーからさほど離れていないアクスブリッジに置かれ、防衛区域はロンドンを中心にA〜F、Z、すなわちタングミア、ケンリー、ビッギンヒル、ホーンチャーチ、ノースウィールド、デブデン、ノーソールトが割り当てられた。
　以上の基幹および衛星飛行場に配備された戦闘機が、1940年の戦闘機コマンドにおける牙の役割を果たすことになるが、実際に戦うパイロットはルフトヴァッフェとの戦いに力を与えてくれる別の強力な組織に依存し

訳註11：1930年から1936年にかけて空軍省空軍審議会に籍を置いたダウディングのリーダーシップの元で、多くの反対を押しのけて複葉戦闘機から単葉戦闘機への切り替えが進められた。チェーンホームなどレーダー監視システムの開発研究も、彼の全面的なバックアップによって成し遂げられたものである。1936年7月には戦闘機コマンド司令官に任じられ、任期切れ直前にバトル・オブ・ブリテンを迎えることになるが、その間に彼が育成した人材や防空システム、なによりも強固な意志に貫かれた作戦指揮がイギリスを窮地から救うことになった。バトル・オブ・ブリテン終了直後の1940年11月20日に戦闘機コマンド司令官を解任された後、イギリス空軍代表部主席として渡米。1942年7月に退役している。

訳註12：イギリス本土上空の守りは1925年以来、本土防空総軍が担っていたが、ドイツ再軍備を受けて急拡大する部隊を単一指揮するのが困難となった。そうした背景から1936年に防空総軍は機能別のコマンドに分割され、戦闘機コマンド、爆撃機コマンド、沿岸コマンド（主として偵察任務）、訓練コマンドと、後にコマンドに昇格する整備群が誕生した。コマンドは「軍団」と訳されることもあるが、本書ではルフトヴァッフェとの混同を避けるために、「コマンド」の呼称を使用している。

※編註：ベントリー・プライオリー〜ミドルセックス州スタンモアに所在。初代アバーコーン侯の求めにより1788年に建造された館。Prioryは小修道院（いわゆる修道院Abbeyの下位にあるもの）という意味があるが、もともとこの地に（1200年代）修道院があったためこう呼ばれるらしい。館はザ・プライオリーと称される。空軍省が購入したのは1926年のことである。

ていた。イギリスの戦闘機パイロットを支えた最大の功労者は、言うまでもなく、レーダー基地群である。1930年代後半に、イングランド南海岸から東海岸を巡り、スコットランドに至る一帯に、チェーンホーム（CH）と呼ばれるレーダー基地網が設置された。（ポーツマスからアバーディーンにかけての上空をカバーする18基の）レーダー基地は、中高度以上からイングランドに向かって侵攻してくる敵機を、100マイル（160㎞）以上先で探知可能だった。当初のレーダー設備では5,000フィート（1524m）以下を飛行する対象は探知できなかったが、1939年後半からRAFはチェーンホーム・ロウ（CHL）と呼ばれた低空監視用レーダーを導入して、高度2000フィート（609m）を飛行する目標を沿岸部から35マイル（56㎞）の距離で探知できる態勢を作り上げていた。CHLはCHの隙間を埋めるように配備された。

　陸上通信線と各種レーダー監視網などのハードウェアと、戦闘機コマンド司令部、航空群、防衛区域など前線部隊によって構築された複雑な部空システムを一元管理する作戦司令室こそが、バトル・オブ・ブリテンの切り札だった。レーダーが敵の編隊を探知すると、その位置や高度、大まかな戦力などの各種情報が、地上通信網を通じて戦闘機コマンド司令部の情報中継室（フィルタールーム）に集められる。そして報告対象が「敵性勢力」であることが確認されると、情報中継室の状況地図上にマークされる。この情報は、関連する戦闘機群および防衛区域の作戦室にも送られて、同じ状況地図上で情報を共有することになる。この情報を元に、該当する戦区の防空を担う戦闘機群司令部は、状況地図上に表示された「敵対勢力」に対して、戦闘機飛行隊を緊急発進（スクランブル）させるのである。この防空監視システムによって、敵に接触するまでに迎撃部隊は充分な高度を得ることができた。

第11飛行群のアクスブリッジ作戦司令室にて、状況地図上の航空機位置情報を更新中の空軍婦人補助部隊員（WAAF）を撮影した一葉。

バトル・オブ・ブリテンにおける、イングランド南東部のRAF戦闘機コマンドの防衛区域と本部基地、戦闘機部隊基幹飛行場。

　この時期のレーダーは、陸地の上空に対しては充分な能力を発揮できないため、海峡を越えてしまったドイツ軍機の追跡は、監視部隊が責任を負った。地上通信網を通じて情報を引き継いだ監視部隊司令部では、戦闘機コマンドの情報中継室に敵の前進情報を伝達する。飛び立った迎撃部隊は、防衛区域の作戦室から送られてくる無線指揮の管制下に置かれ、敵編隊を視認するまでの間、誘導を受ける。敵を視認した編隊リーダーは「タリホー！[訳註13]」と無線を通じて地上管制に呼びかけつつ、迎撃に移る。この段階で、地上からの戦闘管制は不要になると言うわけだ。

　戦闘機コマンドの飛行隊と地上管制システムとの連携は、1940年夏を通じて良好な状態を保っていたが、これは開戦前から入念に行なわれていた訓練のたまものである。バトル・オブ・ブリテンの研究者であるアルフレッド・プライス博士の言葉を借りれば、「来るべき英本土上空の戦いにおいては、地上からの戦闘管制システムこそが戦闘機コマンドの切り札となるだろう」との予見が実現したのである。

■バトル・オブ・ブリテン
　バトル・オブ・ブリテン以降、イギリス海峡――すなわち限定された戦線に持てる限りのBf109Eを投入した例はない。イギリスとの戦いでもまた、フランス戦同様に、Bf109Eを中心とした単座戦闘機隊が制空権を獲得し、その傘の元で爆撃航空団と急降下爆撃航空団が敵の戦闘機コマンドの拠点を撃破するのに続き、イングランド南部海岸に上陸作戦を敢行するという計画をドイツ軍は立案していた。イギリス本土上陸作戦には、「ア

訳註13："Tally Ho!"　狐狩りが盛んなイギリスにおいて、狐を認めた猟師が猟犬かける合図の呼び声。転じて、「見敵必戦」を意味するかけ声となり、空戦においては、迎撃戦闘における「目標視認、以後、戦闘機部隊は戦闘管制の指揮を離れる」の意を表すコードとして使用された。

シカ作戦（ゼーレーヴェ）」という作戦暗号名が与えられた。

多くの歴史家は、バトル・オブ・ブリテンを4つの段階に分けて考えている。まず最初に7月初旬の「海峡上空の戦い」である。この期間は、イギリス本島沿岸部の船舶や港湾施設の破壊に取りかかるのに先立ち、敵の防空体制に探りを入れることに重点が置かれている。この任務に投入されたのはJG26とJG53だけで、残りの戦闘航空団は占領下のフランスで戦力の回復に努めていた。海峡上空の戦いは8月12日に終わるが、RAFの戦闘機コマンドは、スピットファイア27機撃墜、51機撃破と、かなりの損害を受けつつも、ドイツ軍の目的を容易にさせないことで、一応の防空に成功している。撃墜されたスピットファイアの大半は、爆撃機の護衛につくBf109Eとの空戦によるものである。

「鷲の日（アドラー・ターク）」に設定された8月13日に、ついに「鷲攻撃（アドラー・アングリフ）」が発動する。これはRAFの飛行場やレーダー基地の他、航空機組み立て工場やエンジン製造工場など、軍需産業の破壊によるRAFの継戦能力の弱体化を目的とした爆撃作戦である。作戦の要となる爆撃航空団には、8個戦闘航空団から充分な数のBf109Eが護衛についた。作戦投入された単座戦闘機の数も、この時期にピークに達している。11日間続いた爆撃作戦の結果、両軍は甚大な損害を出したが、ルフトヴァッフェでは数にものを言わせた圧力で制空権を獲得したものと見込んでいた。事実、「鷲攻撃」の作戦期間において、ルフトヴァッフェの戦闘機パイロットは終始優位に戦いを進め、多数のRAFパイロットが命を落としている。しかし、合計3回行なわれた大規模な襲撃作戦は、ことごとくレーダーに捕らえられて、的確な迎撃を受けている。爆撃も効果も薄かった。滑走路に空いた穴はすぐに埋め戻され、レーダー基地も数時間のうちにバックアップを受け修復されてしまうからだ [訳註14]。「鷲攻撃」は戦闘機コマンドの欠点を改変するきっかけにもなった。このような結果から見ると、ルフトヴァッフェにとって「鷲攻撃」はとても成功と呼べる戦いにはならなかったのである。

8月24日から9月6日にかけての期間も、ドイツ軍は飛行場と航空機工場を目標とした爆撃を続け、その効果がいよいよ実を結び始めていた。補充を上回る損害が続き、生き残ったパイロットは機体共々疲弊の極みにあったこの時期については、RAFも後になって、バトル・オブ・ブリテンの「最大の危機」と呼んで苦しい時期であったことを裏付けしている。しかし、激甚な損害に苦しみながらも（8月だけで139機のスピットファイアが失われた）、戦闘機コマンドは、自身を上回る損害をドイツ軍に与えていた。事実、Bf110戦闘爆撃機とJu87急降下爆撃機はあまりの損害の大きさに、以降の戦いではまともな任務を遂行できない有様となっていたのだ。一向に上がらぬ戦果に対して、空軍元帥ヘルマン・ゲーリングは、レーダー基地に対する攻撃の効果に疑問を抱きはじめ、敵飛行場に関しても、「爆撃が成功した翌日は、同じ飛行場に対する攻撃は禁じられるべきこと」を厳命している。そのような攻撃は無駄だと見なしたのだ。ゲーリングは前線に展開するスピットファイアやハリケーン装備の飛行隊に対する攻撃継続を認めていたが、第一次大戦の英雄が思いついた素人くさい戦術のおかげで、ドイツ軍の戦闘機パイロットたちが勝利する可能性は、失われはじめていた。

訳註14：「鷲の日」に先立つ8月12日、爆撃航空団を中心とする襲撃部隊は入念な計画の元でのレーダー基地爆撃作戦を敢行した。格子桁で組まれた背の高いアンテナ塔は華奢な印象を与えたが、縦横の鉄筋を斜めの梁が支えるトラフ構造は、爆風に対する耐久力に優れていて、基部への直撃でもない限り爆弾による損害はほとんど与えられなかった。関連施設の多くが倒壊するなど、壊滅的被害を受けたベントナーでも、移動式レーダーが間もなくバックアップに入ったことで、3日に後には再び電波を発するようになっている。逆にこの日の攻撃で、ルフトヴァッフェはKG51司令官フィッサー大佐を含む、参加戦力の10パーセントの航空機を失った。

一方、ヒュー・ダウディング大将麾下のスピットファイア部隊は対照的である。彼は、レーダー観測と襲撃予測および地上管制による迎撃部隊の運用、すなわち「ダウディング・システム」の導入に責任を負う立場だった。そして第11飛行群司令キース・パーク少将を中心とする有能なスタッフの協力を得て [訳註15]、防空システムの増強に取り組んだ結果、やがて空を覆い尽くさんばかりのドイツ軍戦爆連合部隊がイングランド南東部に襲来するようになっても、イギリス空軍の優位は盤石になっていた。

　9月7日、RAFの戦闘機コマンドを壊滅に追い込んだと確信したゲーリングは、RAFの戦闘機隊を空中戦に引きずり出して叩く方針を転換して、ロンドン空襲の実施を命じた。最終的に、首都ロンドンは昼夜連続の爆撃にさらされ、（爆撃機250機と300機以上のBf109Eによって行なわれた）9月15日の二度にわたる昼間空襲で、その規模は最高潮に達した。ロンドン空襲を永遠に記憶するために、イギリスは9月15日を「バトル・オブ・ブリテンの日」に制定している。

　ところがこの頃には、ドイツ軍戦闘機パイロットが好んで採用していた、爆撃機隊の予定進路前方に広く展開して戦う戦闘哨戒、いわゆる「獲物探し」は禁じられていた。代わりにゲーリングは、不屈の精神で音を上げようとしないRAFの抵抗で損害がかさむ一方の爆撃航空団を近接掩護するように命じたのである。ドイツの予測に反し、イギリスには充分な戦力が残っていることを証明するかのように、9月15日の二度の空襲に対して戦闘機コマンドは300機近いハリケーンとスピットファイアをぶつけてきた。バトル・オブ・ブリテンが最高潮に達するこの日の大攻勢において、19機のBf109Eが撃墜されている。8月13日以来積み重なってきたBf109Eの喪失記録は、この日の撃墜によって400機の大台に乗った。同日、RAFの戦闘機コマンドはスピットファイア7機、ハリケーン20機を失っている。

　9月30日、ロンドンおよびイングランド南東部に対する大空襲が行なわれた。事実上、最後の大空襲だった。しかし合計300機の爆撃機を、2波に分けて首都に差し向けたこの作戦で、護衛任務についた200機のBf109E

訳註15：ダウディングのもとで先任参謀として能力を発揮したキース・パーク空軍少将が最激戦区である第11飛行群を指揮していたことは、イギリスにとって大きな幸運だった。彼は配下の飛行隊に対して、Bf109Eとの空戦を避け、地上部隊には基地および飛行場の防空強化を求めた。敢闘精神旺盛なパイロットには不評の措置だったが、これが戦力温存に役立ち、バトル・オブ・ブリテンを戦い抜く原動力となった。後に飛行隊の運用方針を巡って第12飛行群のリー＝マロリー空軍少将と対立し、バトル・オブ・ブリテン後は左遷に近い形で訓練コマンドに追いやられたが、新たな任地となったマルタ島ではバトル・オブ・ブリテンの経験を活かした作戦指揮によって、独伊空軍を相手に、再び戦史に残る防空戦闘を展開することになる。

1940年9月初旬、ファウルミアにて燃料と弾薬の補給を終え、出撃準備に取りかかっている、第19飛行隊所属、機体登録番号X4179のスピットファイアMk.IA。銃口部を覆う羽布製のパッチが目を引く。バトル・オブ・ブリテンでは第266、第19、第609の3つの飛行隊に所属を代えて転戦した。

2./JG3所属のヨセフ・ハインツェラー伍長のBf109E-3/Bが、爆撃を終えて、低空飛行でパ・ド・カレの基地を目指している。撮影は海峡上空。愛犬に由来する"Schnauzl"というマーキングが目を引く。9月下旬に撮影されたこの写真には、彼の爆撃任務を支援するために同行した、同じ飛行中隊の2機のBf109Eが写っている。こちらの迷彩塗装はやや抑え気味である。ハインツェラーは1940年の戦いを通じて撃墜5機を記録している。

は、28機撃墜という最悪の損害を被ることになる。一方、RAF側の損害はハリケーン13機、スピットファイア4機だった。

　このような戦局の推移に直面し、戦闘機コマンドを叩きのめしたという判断が幻想に過ぎないことがわかると、10月12日にヒトラーはアシカ作戦の延期を決めた。事実上の中止である。この時点で、ゲーリングは海峡周辺を拠点とする戦闘航空団はすべて三分の一を戦闘爆撃機型に切り換え、クリケットで言うところの「チップ‐エンド‐ラン」すなわち一撃離脱爆撃戦術を実施するように通達した。損害が大きすぎる爆撃機による昼間爆撃を放棄したのである。この戦いは2万6,000～3万3,000フィート（7925～10,060m）での高々度戦闘が中心となり、スピットファイアはBf109E戦闘爆撃機型との間で厳しい迎撃戦を強いられた。しかし爆撃そのものは乏しい戦果しか挙げられず、戦局に変化をもたらすインパクトはなかった。

　10月31日、バトル・オブ・ブリテンは公式に終了したが、この空戦行動で610機のBf109Eが失われ、これはルフトヴァッフェにおける全機種の総喪失数1792機に対し、実に3割以上を占めていたことになる。一方、イギリス戦闘機コマンドは361機のスピットファイアを喪失した。1941年末までは、スピットファイアMk.Ⅰ/Ⅱ、Bf109Eのどちらも、イングランド上空から徐々に北フランスへと舞台を移しながら、空中戦を繰り広げることになる。しかし、ほんの数ヶ月前にはフランス降伏のきっかけになったのと同様の、イギリスの命運を左右するような空の戦いは、バトル・オブ・ブリテンをもって終了したのである。

# 搭乗員
The Combatants

　1940年から41年にかけて、単座戦闘機で戦ったパイロットは、第二次世界大戦においてもっとも豊富な訓練を受けた戦闘機乗りの1人だったと言えるだろう。とりわけ、1930年代に創隊したばかりのルフトヴァッフェとともに歩んだドイツ軍の戦闘機パイロットには、疑いようのない事実だ。加えて、Bf109Eを託されたパイロットの多くは、1936年から39年まで続いたスペイン内戦の空を経験している。世界大戦に先立つ数年間、スペイン共和国空軍を相手に試行錯誤し、磨かれた空戦戦術は、ルフトヴァッフェでの訓練方法にも影響を及ぼしている。

　一方、RAF戦闘機コマンドのパイロットたちは、実戦経験こそないが、それでも教本と演習を通じて充分な訓練を受けていた。前述したような、戦闘機飛行隊と地上施設からの戦闘管制システムの密接な連携を重視した空軍は、イギリス以外、世界のどの国にもなかった。当然、このようなシステムに親しんでいるパイロットも他国には存在しない。

　戦闘機コマンドは、バトル・オブ・ブリテンの終盤になると、前線に送り込まれるパイロットの質が低下していることに気がついた。急速に膨らむパイロットの損失に直面して、前線部隊の稼働率を維持するために訓練内容を短縮したのだから当然であり、ドイツ空軍も状況は似たり寄ったりである。1940年末になってようやくパイロット不足を克服したRAFは、今後二度と同じような苦境に陥らないように、イギリス本国はもちろん、海外の南アフリカやオーストラリア、合衆国内やカナダなどに訓練機関を設置している。

　しかし、同じようにパイロットの損失にあえいでいた戦闘機隊〔ヤークトヴァッフェ〕では、そうはいかない。1940年の損失は比較的順調に埋め合わせられたが、戦時には不向きな訓練制度の改善までは手が回らず、1943年以降は加速度的に訓練状況が悪化するのである。

## ■イギリスでのパイロット訓練

　1919年から1936年の頃のRAFは、乏しい予算が与えられただけで半ば放置されていた弱々しい組織だったが、ドイツが公然と踏み切った再軍備に煽られた政府は、空軍に予算を与えて、来るべき戦争に勝ち抜くための変化を求めた。この時期の装備改変の目玉は、ハリケーンやスピットファイアに象徴される新型単座戦闘機の大量購入である。当然、大量の戦闘機を前線で戦力化するには、パイロット育成が不可欠だが、現行の（主として短期将校や飛行士を対象とした）飛行訓練学校と（正規将校教育用の）士官候補生学校が毎年輩出する400人程度のパイロットでは、とても数が足りなかった。

## ブライアン・ジョン・ジョージ・カーベリー

バトル・オブ・ブリテンにおける代表的なスピットファイアのエースで、1940年の戦いにおいて、1日の出撃で5機のBf109Eを撃墜した唯一のパイロットである。1918年2月27日にニュージーランドのウェリントンに生まれたブライアン・カーベリーは、6フィート4インチ（193cm）という長躯を活かし、スポーツや射撃に豊かな才能を見せたスポーツマンだった。長じてオークランドで靴のセールスマンを経験した後、1937年6月、海軍入隊を希望してにイングランドに渡るものの、年齢を理由に拒絶されたため、RAFに短期入隊の道を見いだした。そして第10予備初等飛行学校で訓練を受けたカーベリーは、1938年6月に第41飛行隊に配属となり、ホーカー・フューリー複葉戦闘機を与えられた。

1939年1月になると、部隊装備はスピットファイアへと更新され、彼自身は10月にターンハウスの第603"シティ・オブ・エディンバラ"飛行隊に一時転属する。同部隊がグラディエーターからスピットファイアに装備変換するのを支援するためである。戦争勃発にともない同部隊に正式所属となったカーベリーは、1939年12月、初出撃にもかかわらず、アバーディーン上空でHe111爆撃機を撃破した。3月7日には同じくアバーディーン上空でHe111を協同撃墜し、7月3日にはモントローズ近郊でJu88爆撃機の単独撃墜に成功している。

8月28日、第603飛行隊は、戦闘で激しく損耗した第65飛行隊を支援するために、スコットランドからイングランド南部のホーンチャーチに移転する。そして同飛行隊は数週間の戦いでスピットファイア30機と引き替えに、ドイツ軍機67機を撃墜するのである。この時点で、第607飛行隊にはBf109Eを5機撃墜したエースが4人名乗りを上げている。この中で、第11飛行群の麾下に入って1週間で8機の「エーミール」を撃墜したカーベリーは、文字通りエースとして頭角を現すことになった。この記録のうち5機は、8月31日に行なった3度の出撃であげた戦果であり、彼はバトル・オブ・ブリテンにおける戦闘機コマンドでたった2人しかいない、1日に5機撃墜を成し遂げたエースとなったのである（もう1人は第610飛行隊のロニー・ハムリン軍曹で、8月24日の出撃でBf109E4機と、Ju881機を撃墜している）。

この戦功から9月には殊勲飛行十字章（DFC）が与えられ、翌月には線章を付与された。同年末までに、カーベリーは撃墜15機、協同撃墜2機、不確実撃墜2機、撃破5機まで記録を伸ばしている。そしてバトル・オブ・ブリテンを生き延びた戦前からのパイロットのたどる道として、彼も教官職に退いている。

1940年12月に第58実戦訓練部隊に転属となったカーベリーは、1944年まで教官職にとどまったが、妻の散財を埋め合わせるために小切手偽造に関与した罪状で軍法会議にかけられ、除籍処分となった。彼は（当時は禁止されていた）イスラエルへの飛行機輸送という仕事を選んで1948年まで飛行士ライセンスを延長した後、最後は暖房機器のセールスマンになった。そして末期の急性白血病にかかり、1961年7月31日に死去した。

空軍省からの突き上げに動揺したRAFは、1936年にまず現行の戦闘区域コマンドに代えて、前述のとおり、機能別コマンドに再編成する中で訓練コマンドを設立した。この変更に先立つ3年前に、RAFは将来のパイロット不足に備えて民間が運営の主体となる予備初等飛行学校（E&RFTS）を各地に設立していた。これらの学校では、デハヴィランド社のジプシーモスやタイガーモス、ブラックバーンB2などを練習機に使用している。また、ほぼ同時にクランウェルの士官候補生学校においては、将来のパイロット士官育成用訓練計画の標準化にも着手している。

　訓練コマンドの創設と並行して、年間800名のパイロットに訓練を施すために、空軍省はRAF志願予備役（RAFVR）を設置した。経済的状況や社会的地位は問わず、すべての志願者に門戸を開いたこの訓練コースには志願者が殺到し、1940年までには戦闘機コマンドの実に三分の一のパイロットを、RAF志願予備役出身者が占めるようになっていた。その多くは軍曹格のパイロットとして前線に赴くことになる。これらの施策に先立ち、志願者はすべて正規将校ないし短期志願を問わず士官ないし下士官、あるいは補助空軍部隊（AAF）の身分を得ることになった。1925年に設立された補助空軍部隊は国防義勇軍[訳註16]に一致した管区を持ち、地域ごとの出身者で固められた部隊を編成して、週末に合同訓練を実施する組織である。補助空軍部隊から編成される飛行中隊は、間もなく紳士的な富裕層がパイロットの多くを占めるようになったが、第二次大戦初期に補助空軍部隊が独特の雰囲気を持っていたことに大きく影響している。

　1938年末までに30カ所近い予備初等飛行学校が設立され、タイガーモスやマイルズ・マジスター、B2などを使って訓練を積んだ。さらに上級の訓練には、同じく学校に配備されたホーカー・ハートやフェアリー・バトル、アヴロ・アンソンなどといった航空機が使用された。

　改革後のRAFパイロット訓練制度を経験したスピットファイア・エースには、例えば1937年9月にニュージーランドからイギリスに渡って短期志願したアラン・ディアなどがいる。この時期には、パイロットに短期志願する若者が、英連邦各地からイギリスに渡ってきていたのだ。ディアの場合、まず最初にホワイト・ウォルタムにあるデハヴィランド社の民間飛行学校に送られ、そこで3ヶ月の飛行士訓練コースを履修した後にRAFに入隊が認められた。最初の訓練コースが終わる頃に、パイロット候補生は戦闘機か爆撃機、どちらのコースに進むか志望できるが、ディアは当然、戦闘機パイロットの道に進んでいる。

　予備初等飛行学校を卒業したパイロットは、アクスブリッジにて2週間

ニュージーランド出身のアラン・ディーアは、1930年代後半のRAF拡張期に入隊した短期志願士官の典型だろう。戦前に入隊した大英帝国「自治領」出身者多数の例に漏れず、彼も1940年から41年にかけてスピットファイアを操り、大きな働きをしている。

訳註16：歴史的には18世紀まで起源をさかのぼる国防義勇軍は、第二次世界大戦当時、各地域防衛担当司令部の指揮のもとで正規軍の補助的役割を担っていた。補助航空部隊は当初、爆撃機部隊を保有していたが1934年からは戦闘機に絞られ、1940年には第一線戦闘機兵力の25パーセントを占めていた。

の士官候補生訓練を受けると同時に、制服を支給され、今度は飛行訓練学校に入校する準備を整える。ディーアの配属先はウィルトシアのネザレイヴォンにある第6飛行訓練学校で、彼は同校の初級コースでホーカー・ハート複葉機を乗りこなした。以上の訓練課程を修了して上級コースに移り、ホーカー・フューリー複葉戦闘機（当時はまだ戦闘機コマンドの第一線装備だった）の飛行をこなすと、いよいよ一人前のパイロットとして認められたのである。1938年8月、9ヶ月間の飛行訓練を無事に終えたディーアは、ホーンチャーチに本拠を置く第11飛行群所属の第54飛行隊に配属となり、グラディエーター戦闘機を任された。

開戦前から前線や補助空軍部隊に勤務していたパイロットの例に漏れず、アラン・ディーアも飛行隊配属時に複葉機から単葉機への転換を経験している。スピットファイアやハリケーンはまだ数が少なく、訓練コマンドに廻す余裕がなかったからだ。それでも前線パイロットには充分な飛行経験があるので、装備変換はそれほど大きな問題にはならなかったようだ。ディーアも自伝『ナイン・ライヴズ』の中で次のように述べている。

　1939年3月6日、私は初めてスピットファイアで空を舞った。低速複葉機から高速単葉機に乗り変わることに、苦労の元となるような変化はなく、数週間のうちには、慣れ親しんだグラディエーターと同じように乗りこなせていた。とはいえ、新装備の光像式射撃照準器とガン・カメラの扱いには、少々手こずったのだが。

　しかし、戦闘機コマンドの上層部は飛行訓練学校のパイロット候補生たちが使用している時代遅れの複葉機練習機やハーヴァード高等練習機と、前線で彼らの到着を待つ高速単葉機との間の性能ギャップをなんとかして埋めたいと考えていた。そこでいくつかの予備飛行群（グループ・プール）を創設して、そこに一定機数のハリケーンとスピットファイアを配備して埋め合わせをはかった。新人パイロットは、戦闘機コマンドに送り込まれる前に、数時間分ではあるものの、航空日誌に高速単葉機での飛行記録を加えることができたのである。

　戦争が勃発すると、すべての予備初等飛行学校はRAFの管轄下に置かれ、初等飛行学校へと編組された。新制度の下では、初等飛行学校を卒業した

1940年8月13日、ホーンチャーチ飛行場から緊急発進する第65飛行隊のスピットファイアMk.IA分隊。この日は、ドイツ軍が軍事施設への本格的攻撃に切り換えた「鷲攻撃」が発動した日でもある。当時、第65飛行隊はケント海岸のマンストン飛行場を衛星飛行場としていたが、8月13日に哨戒飛行に出ている間に空襲で使用不能とされた。バトル・オブ・ブリテンにおける15日間の戦いで、第65飛行隊は31機撃墜を主張している（確実撃墜は10.5機）。一方、スピットファイアの喪失数は15機である。

パイロットの卵たちは、1940年のうちに6校から10校へと数を増やした空軍飛行訓練学校（SFTS）に進む。この2つの段階での訓練内容は、開戦から18ヶ月間は以前と同じ内容を保っていたものの、戦前の標準装備だった複葉練習機は、徐々にではあるものの、ハーヴァードや新型のマイルズ・マスター練習機に切り換えられた。

　予備飛行群（グループ・プール）制度によって作戦中の飛行隊は補充パイロットを受け入れやすくなるだけでなく、実地訓練の手間が省け、本来の戦闘任務に集中できるようになるはずだったが、綻びも見え始めていた。充分な飛行訓練を積んだ数千名のパイロット候補者の多くが、1939年末から翌年にかけて、別の部署に引き抜かれてしまった事例が象徴だろう。原因は予備飛行群（グループ・プール）での単葉戦闘機不足だった。前線ではハリケーンやスピットファイアの需要が逼迫しており、練習機に廻す余裕がなかったのだ。結局1940年春には、すべての予備飛行群（グループ・プール）は訓練コマンド下部の実戦訓練部隊に編組され、空軍省は、訓練部隊への一線機投入は、前線に一定量のパイロット供給を続けるために必要不可欠な措置であるとして、戦闘機コマンドに譲歩を強いた。予備飛行群（グループ・プール）が中古装備と時代遅れのスタッフによって未来の前線パイロットを育てようとして失敗したことに比べれば、実戦訓練部隊の導入は成功だったと言える。

　ところが、1940年8月に入りパイロット喪失数が目に見えて増加しだすと、数ヶ月を見込まれていた実戦訓練部隊での新人パイロット訓練コースは、わずか4週間へと劇的に削減され、一人前になるための仕上げは飛行隊にゆだねられるようになった。結果、戦闘機コマンドが受け取る補充パイロットは、スピットファイアやハリケーンに習熟していないのはもちろんのこと、悪天候時や夜間の飛行技術、航法、射撃などの訓練も最低限しか与えられていない状態だった。実際、かなりの数のパイロットが、実戦で敵に遭遇して、初めて機銃射撃を経験する有様だったのだ。

　しかし、ルフトヴァッフェとの戦いで出血を続けていたRAFは、訓練コースの短縮に踏み切ってもまだパイロットの補充を必要としていた。そして素人から一人前に育つのを待っていられなくなった戦闘機コマンドは、RAF内の他の部署からパイロットを引き抜く挙に出た。艦隊飛行隊（FAA）[訳註17]の腕利きはもちろん、陸軍直協飛行隊、沿岸コマンドや爆撃コマンドの他に、海軍で訓練中のパイロットまで、合計75名も引き抜いている。ドイツ軍に追われてイギリスに身を寄せていたポーランドやチェコスロヴァキア、ベルギー、フランスなどの古参パイロットも例外ではない。こうしてかき集められた人々によって充填された19個のスピットファイア飛行隊が中心となって戦い、1940年夏にイギリスを救うのである。

## ■ドイツでのパイロット訓練

　ルフトヴァッフェの創設を公にする以前のドイツでは、1919年のヴェルサイユ講和条約によって軍用機の保有が禁じられていたために、軍事面での航空政策はもっぱら訓練に集中していた。そして、1920年代後半から1930年代の前半にかけては、民間における活動という仮面の下で、擬似的な空軍組織が相次いで誕生した。戦闘機や爆撃機の開発こそ禁じられてはいたものの、パイロット育成に重点を置いていた結果、新生ルフトヴァッフェは経験豊富なパイロットを多数抱えた状態で羽ばたくことができ

訳註17：海軍に協力する陸上基地の飛行隊は、編成上はRAFの指揮下にあって、有事にはRAFの権限が海軍のそれに優先する。一方、艦船を基地とする飛行隊は艦隊飛行隊と呼ばれ、運用面では完全に海軍の指揮下にあったが、訓練や人事、装備の整備補修はRAFが担当していた。

## ヘルベルト・イーレフェルト

　Bf109EパイロットとしてスピットファイアMK.I/IIの撃墜数最上位者に名を連ねているにとどまらず、混成部隊である教導航空団で新しい空戦戦術を開発しながら戦果を重ねていったという点で、ヘルベルト・イーレフェルトは他のエースとは一線を画すユニークな存在である。1914年6月1日にポンメルン（ポメラニア）のピンノウで誕生したイーレフェルトは、1933年の創隊当初からルフトヴァッフェに身を置いていた。第132戦闘航空団"リヒトホーフェン"所属時代にHe51、ついで新型機のBf109B-1を経験したイーレフェルトは、1937年末にコンドル兵団に志願する。
　スペインに到着すると2./J88に配属されたが、すでにメッサーシュミットの新型戦闘機に搭乗経験を持つイーレフェルト軍曹は、即戦力として期待され、戦場に到着した最初のBf109B-1を任される。1938年の春から夏にかけて勃発したアラゴン方面での攻勢支援が主な任務となったが、軍曹はこの戦いで9機撃墜を記録している。1939年、少尉に昇進してドイツに帰国したイーレフェルトは、第1飛行隊にBf109Dを装備した、新編成の第2教導航空団（LG2）に配属となった。この航空団は、戦闘教育および評価を目的としてルフトヴァッフェが創隊した2個目の教導航空団であり、戦闘機部隊として割り当てられたI.(J)/LG2は、1939年秋の時点で45機のBf109Eを配備していた。イーレフェルト少尉は司令小隊に所属して、ポーランドとフランスを転戦することになる。
　大戦勃発後の最初の戦果は、1940年5月29日に撃墜したフランス空軍のモランソルニエMS.406戦闘機であり、I.(J)/LG2がパ・ド・カレのマルキーズ飛行場に転進した後の6月30日には、RAFのブレニム爆撃機とスピットファイアの2機を撃墜した。イーレフェルトは1941年3月23日までに33機のスピットファイアMK.I/IIを撃墜しているが、6月30日の記録がその1機目にあたる。大尉に昇進後、1940年8月03日にはI.(J)/LG2の飛行隊長に就任し、9月だけで15機のスピットファイアを撃墜して、同月、騎士十字章を受勲する。
　RAF最良の戦闘機を相手とする彼の任務は、1941年4月に終了する。同月に始まったバルカン侵攻作戦に参加するために、部隊はユーゴスラヴィアに移送されたからだ。皮肉なことに、イーレフェルト大尉の乗機Bf109E-7を撃墜したのは対空砲火だった。マリタ作戦（ギリシア侵攻作戦）の初日に撃墜されたイーレフェルトは、数日間を戦争捕虜として過ごすことになる。続くバルバロッサ作戦で、I.(J)/LG2はJG77の第I飛行隊として作戦初日から前線に投入されたが、イーレフェルトは1941年末に同飛行隊の司令小隊に復帰して獅子奮迅の働きを見せ、作戦開始から10ヶ月目の1942年4月22日に、戦闘機隊に5人しかいない100機撃墜の大エースとなった。この時点でI./JG77の飛行隊長だった彼は、同年6月22日にJG52の司令官に昇進している。
　最終的に中佐まで昇進したイーレフェルトは、JG103（教育戦闘航空団）、JG25、JG11、JG1と司令官職を続けながら、1944年の本土防空戦では13機の撃墜スコアを上げ、剣柏葉付騎士十字章を拝領した。敗戦時、彼はJG1の最後の司令官であり、出撃回数は1000回以上、総撃墜数123機と、ルフトヴァッフェを代表するエースパイロットとして生き残ったのである。

たのである。それでも拡大期の空軍では人手が慢性的に不足していたこと
もあり、ルフトハンザ航空や各地のグライダークラブは言うまでもなく、
1936年までは陸軍からも人材をかき集めていた。しかし、拡充が急がれ
たのは陸軍も同様であり、ルフトヴァッフェが国防軍内から人材を引き抜
くことは禁じられた。結果、徴集兵と志願兵で、必要数を満たすことにな
った。

　ドイツでのパイロット募集と訓練方法は、プロイセン軍の伝統から強い
影響を受けている。まず士官および下士官候補生は、軍事組織を模して作
られた帝国勤労奉仕団にて6ヶ月間の労働奉仕に就く。この組織の中で、
空軍志願者はナチ党が設置を主導した国家社会主義航空団に進み、グライ
ダー飛行などを学ぶ。しかし、後になってルフトヴァッフェが兵員不足に
悩むようになると、この段階での教育は3ヶ月間に短縮されるようになる。

　続いてルフトヴァッフェに入隊すると、新人はすべて飛行士補充部隊に
配属され、歩兵としての基礎訓練を受けることになる。そして歩兵として
の技能を一通り習得したと見なされることで、ようやくパイロット候補に
昇格するのだ。同じように、志願兵は航空志願兵部隊に送られて、航空基
礎理論の試験を通じ、適性を審査される。

　1939年から40年にかけてBf109Eに搭乗していたパイロットのほとんど

He51のような時代遅れの複葉機も、戦闘機飛行学校や軍事学校の戦闘機パイロット候補生にとってはかけがえのない愛機だった。彼らは3〜4ヶ月間の指導の後、補充飛行隊に送られて、Bf109Eをはじめとする最新機種の操縦に習熟しながら、実地で空戦戦術を学びとった。

は、ルフトヴァッフェが定めていた飛行訓練を完全にこなしている。しかし1940年後半以降、世界大戦が拡大する中でパイロット不足が顕在化すると、訓練、育成組織も合理化の対象となり、同じく効率の追求から、パイロットも最初の選抜段階で進路適性を判断された後に、関連機関に送られるようになる。飛行士補充部隊も飛行士育成連隊に編組され、パイロット候補生はそこで基礎的な軍事訓練と航空関連学科に取り組むことになる。また、能力を見込まれた候補生は、航空志願兵部隊で通常の選抜課程に入り、3～4ヶ月をかけて残りの基礎訓練を終えた後に、飛行士資格を取得するのである。

　航空志願兵部隊に入隊したパイロット候補生は、飛行基礎理論を学びながら、Bü131、Ar66C、He72カデット、Go145、Fw44シュティーグリッツなどの複葉練習機で初歩的な飛行訓練を受ける。この訓練段階を充分にこなした候補生は要求された適性を備えたものと判断され、空席ができ次第、初等飛行学校に送られる。通常は航空志願兵部隊に入隊後、2～3ヶ月のうちにこの段階に進むだろう。ここでようやく、本格的な飛行訓練が始まるのである。

　初等飛行学校（A/B 学校〈シューレ〉）では、候補生に対して4段階の基礎的訓練が課せられ、各々の段階が要求する条件を満たしてライセンスを得ないと、次の科目に進むことはできない。初等飛行学校制度に由来する名前が付いたライセンスをすべて取得するには通常6～9ヶ月を要する。例えば、A1ライセンスは複座練習機による基礎訓練飛行を習得した候補生に与えられるものであり、この訓練を通じて、候補生は離着陸や、エンジン停止状態からの回復のほか、単独飛行に必要な諸技術を習得する。戦前から1941年初頭にかけての時期は、教官の割合は候補生4人に対して1人だったが、戦争が激化するにつれて教官の数は不足を見る。

　A2ライセンス校に進むと、候補生は空気力学や気象学を含む航空理論や、飛行手順、航空法学の講義を受けながら、航空工学や航法の実践訓練、無線機の操作方法、モールス信号などの習得が求められる。実地飛行も複

I./JG1（コクピットの下に航空団の記章が描かれている）で祖国防空の任にあたった後、フランス西部のカゾにてJG54の補充飛行隊に転属したBf109E-4/B。1942年にフランス西部のカゾにて撮影。バトル・オブ・ブリテン以降、Bf109EはF型「フリードリヒ」に後を託し、練習機などとして前線を退いた。写真の機体はパイロット候補生が戦闘爆撃任務を学べるように、爆弾ラックを装着したままとなっている。

## Bf 109E-4 コクピット

1. 機銃発射ボタン
2. 操縦桿
3. 方向ペダル
4. 燃料コック
5. FuG VII無線操作パネル
6. 燃料計
7. 室内灯光量調整スイッチ
8. ピトー管先端電熱警告灯
9. サーキット・ブレーカー
10. 速度計
11. エンジン始動スイッチ
12. 傾斜・旋回計
13. 高度計
14. コンパス
15. フラップ角度、着陸速度等の警告表示板
16. 航空時計
17. Revi C/12D 光像式射撃照準器
18. ブースト計
19. コンパス補正表
20. エンジン回転計
21. プロペラピッチ表示計
22. 降着装置位置表示計
23. 燃料・潤滑油圧力計
24. 降着装置操作レバー
25. 降着装置緊急時操作レバー
26. 機械式降着装置位置表示計
27. フィルターポンプ操作レバー
28. 冷却器温度計
29. 潤滑油温度計
30. 残燃料警告灯
31. 水平尾翼取付角度変更ホイール
32. 着陸フラップホイール
33. 潤滑油冷却器フラップ操作レバー
34. スロットル・レバー
35. 主計器板照明灯
36. エンジン非常停止レバー
37. エンジン点火レバー
38. スターター連結レバー
39. キャノピー解放レバー
40. 座席位置調節レバー
41. 水平尾翼取付角度表示計
42. サーキット・ブレーカー
43. 酸素ポンプ
44. 主計器板照明灯
45. ラジエーター・フラップ操作パネル
46. 燃料ポンプ自動スイッチ
47. 地図ホルダー
48. 座席
49. 座席ハーネス調整レバー
50. 燃料噴射ポンプ
51. コクピット内気装置用スイッチ
52. 酸素供給装置

搭乗員

50

## スピットファイア I/II コクピット

1. 座席
2. 操縦桿
3. 方向ペダル位置調整装置
4. 方向ペダル
5. 冷却器フラップ操作レバー
6. 地図ケース
7. 潤滑油希釈ボタン
8. 方向舵トリム・タブ操作ハンドル
9. ピトー管電熱スイッチ
10. 昇降舵トリム・タブ操作ハンドル
11. バール
12. ドア・キャッチ
13. カメラ表示器スイッチ
14. ミクスチュア・レバー
15. スロットル・レバー
16. プロペラピッチ操作レバー
17. ブースト・スイッチ
18. 無線操作ノブ
19. エンジン点火スイッチ
20. ブレーキ油圧ゲージ
21. 昇降舵トリム・タブ位置表示計
22. 酸素調節器
23. 航法灯スイッチ
24. フラップ操作レバー
25. 速度計
26. 高度計
27. 機銃発射ボタン
28. 室内灯装置調整スイッチ
29. 方向指示セット用ノブ
30. 人工水平儀
31. GN2反射式射撃照準器
32. 角形バックミラー
33. 換気装置操作レバー
34. 昇降計
35. 傾斜・旋回計
36. ブースターコイル・ボタン
37. エンジン点火ボタン
38. 潤滑油圧計
39. 潤滑油温度計
40. 燃料残量ゲージ
41. 冷却器温度計
42. ブースター圧力計
43. 燃料圧警告灯
44. エンジン回転計
45. 射撃照準器用予備ヒューズ
46. 室内灯
47. 信号弾スイッチボックス
48. 無線器操作スイッチ
49. 燃料タンク圧力コック操作レバー
50. エンジン低回転切換スイッチ
51. 燃料リボンブレバー
52. 燃料タンク・コックレバー
53. コンパス
54. 降着装置操作レバー
55. 座席ベルト止め具
56. 酸素ホース
57. IFFボタン
58. 降着装置非常操作用二酸化炭素シリンダー
59. 酸素供給コック
60. 風防防氷装置用ポンプ
61. 風防防氷装置用ニードルバルブ
62. 降着装置非常操作レバー
63. 風防防氷装置用コック

1939年から40年にかけて戦闘航空団に配属された新人パイロットは、例えば、JG2の司令官ハリー・フォン・ビューロウ-ボトカンプ中佐のような上官には畏敬の念を抱かずにいられなかっただろう。写真でカポック入りの救命胴着を装着中のビューロウ-ボトカンプ中佐は、6機の撃墜記録を持つ第一次大戦のエースで、1940年4月1日から4ヶ月間、同航空団司令官を務め、部隊最初の騎士十字章受勲者となった。

座単発機を使用した、より高度な飛行内容となる。

　B1ライセンス校で、候補生はいよいよ高性能単発機や双発機を用いた高度な飛行訓練を受けることになるが、戦闘機パイロットの道を進む候補生は、おそらくこの時点で引き込み式降着装置を備えた機体──すなわち初期型のBf109を初体験することになる。正確な離発着に夜間飛行、不整地上空での航法もここでは完成を求められる。B1ライセンス取得に臨む候補生は、少なくとも50回の飛行訓練をこなさなければならないだろう。以上を終えた後、B2ライセンスに進むわけだが、この段階で候補生は100～150時間の飛行経験を積み、14～17ヶ月間の訓練を受けてきたものと見なされる。

　1940年になると、パイロットの戦時需要を考慮して初等飛行学校のカリキュラムも簡素化の対象となった。その中でなにより優先されたのは、即戦力としてのパイロット育成である。結果、A2ライセンス課程は省略されて、他のコースに分散統合された。A証明書の取得期間も平均して3ヶ月程度に短縮され、B証明書取得課程は、実戦に即した内容中心にスライドする。一方で、すべてのパイロット候補生について、履修課程の終盤にK1と呼ばれる初歩的なスタント飛行訓練が加えられたが、これは回避運動（つまりバレルロールや宙返り、編隊飛行からの散開など）の重要性を理解させるための措置である。この段階で、教官には優秀な候補生を選抜し、彼らに特別な飛行訓練を追加する権限が与えられた。

　B2ライセンスを取得した候補生は、パイロット徽章とともに空軍パイロット証明書が与えられる。これが彼の「翼」を保証する。平均13ヶ月間のA/B初等飛行学校での訓練を終えて、晴れて候補生は一人前のパイロ

ットとして認められるのである。

　この段階で、単発機か双発機か、パイロットごとの進路について、それぞれの仕上げ訓練を行なう学校へと送られる。パイロットは、配属先部隊の装備に合わせた訓練を集中的にこなす。戦闘機パイロット候補生は直接、戦闘機飛行学校または軍事学校に送られ、前線からの退役機を使った50時間ほどの飛行訓練を受ける。期間は3〜4ヶ月ほどが見積もられる。戦闘機パイロットであれば、この段階ではAr68やHe51複葉機の他、Bf109B〜D型やAr96などを練習機として使用する。これを終えたパイロットにはいよいよ前線が待っているわけだが、以上述べてきた仕組みが、新兵が200時間以上は座席ベルトを締めた経験のあるパイロットであることを前線部隊に担保するのだ。士官候補生には、戦闘機飛行学校に進むのに先立ち、航空戦学校での戦術教育や空軍法、軍事教育などが待っている。

　しかし戦争の現実は、以上のような教育制度の維持を難しくするものであり、1940年には最終段階の訓練が変更を強いられている。前線の機材に習熟すると同時に、空戦戦術を教え込むための、（戦闘機）補充飛行隊が設置された。補充飛行隊は作戦中の戦闘航空団の直接指揮下に、第IV飛行隊に位置づけられた。前線勤務と密接な飛行隊に配属することで、新人パイロットに戦争の現実を理解させようと考えたのである。

　戦闘に生き残ったBf109Eは、1942年夏から段階的に補充飛行隊や後の編組される補充戦闘集団の装備となり、1943年には完全に前線から退いた。

# 戦闘開始
Combat

　1940年5月23日の朝、カレ南方上空で発生した空戦が、戦闘機としてのスピットファイアMk.IとBf109Eによる最初の交戦記録である。連合軍にとって戦局は悪化する一方だったため、開戦直後からウィンストン・チャーチル首相はフランスへの戦闘機飛行隊の増派を求めていた。しかし、ダウディング空軍大将は首相の命令に強く反対し、代わりに第11飛行群の6個飛行隊をイングランド南部沿岸の衛星飛行場に進出させることで妥協を得た。

　こうして、フランスの戦いに直接には巻き込まれずに済んでいた多数の飛行隊が、5月16日からフランス北部沿岸に姿を見せ始めるが、スピットファイア装備の第54と第74の2個飛行隊は、低地諸国からダンケルク港に逃げ込んできた連合軍将兵の退却を、上空から掩護する旨の命令を受けた。

　5月23日朝、第74飛行隊のスピットファイア編隊は、Hs126偵察機を発見して、これを撃墜する。しかし偵察機からの反撃がF.L.ホワイト少佐機のラジエーターに命中し、カレ-マルク飛行場への不時着を余儀なくされた。ところが同飛行場は、間近に迫るドイツ軍の脅威にさらされていたため、すぐさまイギリス側はマスター複座練習機を救出に差し向けることを決めた。これには第54飛行隊から2機のスピットファイアも護衛についた。護衛戦闘機の操縦桿を握っていたのは、将来のエースであるジョニー・アレン少尉（1940年7月24日、少尉の乗機はアドルフ・ガランド大尉によって撃墜され、少尉は戦死する。ガランドが撃墜した最初のスピットファイアでもある）と、アラン・ディーアだった。

　フランスの飛行場上空に到達したとき、救出部隊はⅠ./JG27の所属のBf109Eの一群に遭遇した。マスター複座機が着陸すると同時に、スピットファイアは敵編隊に突っ込んで3機を撃破したと報告している。アラン・ディーアの回顧によれば、

　私にとって最初の空戦であり、史上初のスピットファイアとBf109の空戦でもあった。あのスリルは忘れられない。その瞬間までは、戦争で命を失うかもしれないなんて実感はなかったからだ。弾丸を撃ち尽くした私は、敵の背後に回り込んで離れなかった。こんな事態になったらと、想定していたとおりになったんだ。燃料切れが懸念されたので、ようやく戦闘が終了した。長い空中戦を終えて感じたのは、敵と我々の戦闘機がよく似た性能だったと言うことだった。

　フランスでハリケーン戦闘機が遭遇したBf109は、それこそ段違いの速度と上昇性能で、スピットファイアでさえ足下には及ばないと訴える連中が大勢いた。だけど、それは違うと私にはわかったよ。自信を持って言え

るのだが、降下性能を除けば、スピットファイアは多くの点で敵を凌いでいるし、機動性能も圧倒している。ただし上昇性能となると、機体の装備次第ということになる。我々は慣熟飛行の最初からロートル製の定速ピッチプロペラを装着して戦っていた。しかし、まだ2段可変ピッチプロペラを装着していた部隊では、機体の上昇力が犠牲になっていた。その点、定速ピッチプロペラなら、エンジン回転数に対応して、最適のプロペラピッチに変更できる。

スピットファイアが卓越した戦闘機であるという私の主張には、もちろん無数の疑義が寄せられているが、私にとって重大なのは、Bf109を相手取った戦いで、恐れを抱く必要がなくなったという事実なのだ。

スピットファイアとBf109の戦闘記録としては、この日の戦いが最初であるのは確かだが、模擬戦ということになれば、事例はもっと過去にさかのぼる。1939年11月22日、1./JG76所属、製造番号1304のBf109E-3がストラスブール–ウェース飛行場に着陸した。濃い霧で方向を見失ったパイロットのカール・ヒーア軍曹は、ドイツではなくフランスの飛行場に着陸してしまったのである。まさに青天の霹靂といった具合に連合軍に転がり込んできた「エーミール」は、フランス空軍の手で徹底的に評価分析され、1940年5月にはRAFで実験に供されるためにファーンバラに送られた。

イギリスはこの「エーミール」を使用して、繰り返し模擬戦を行なった。2段可変ピッチプロペラを装着しているスピットファイアとの模擬戦の結果、Bf109Eは機動性や旋回半径など、すべての点でスピットファイアを上回ることが認められた（この時期、定速ピッチプロペラの大半は爆撃機に割り当てられていて、戦闘機への安定供給には1940年の初夏まで待たねばならない）。しかし、定速ピッチプロペラに換装したスピットファイアとの差はほとんどなく、数ヶ月後にアラン・ディーアが述べたとおりになる。

水平飛行時の戦闘を想定すると、Bf109を追尾するのに支障はないし、急降下に移った敵を同じように追うことにも、さして問題はないだろう。しかし、メッサーシュミット側が急降下からの上昇運動に転じると、スピットファイアがこれに追随するのは困難になる。ところが中高度域の巴戦でスピットファイアが追われる側にまわった場合は、Bf109に対する優位がはっきりとする。卓越したローリング性能が可能にする半横転からの急降下によって、スピットファイアはいとも簡単にBf109Eの追尾を引きはがしてしまうのだ。このような回避機動に直面したドイツ軍パイロットが反撃に転じるのは難しい。Bf109Eの昇降舵と方向舵は非常に重く、高速飛行になるほど舵が利くまで時間がかかるからだ。それでも、経験豊富なBf109乗りならば、スピットファイアの尻にかじりつくことはできた。とりわけ、スピットファイ

1940年にドイツ空軍の戦闘機隊と衝突した結果、RAFで伝統的に採用していた戦闘機3機による逆V字編隊は融通が利かない遅れた戦術であることが判明した。互いに密集した隊形を維持したままは、編隊長機以外の11機は編隊維持に気をとられるばかりで、索敵ができるのは編隊長機だけとなってしまうからだ。

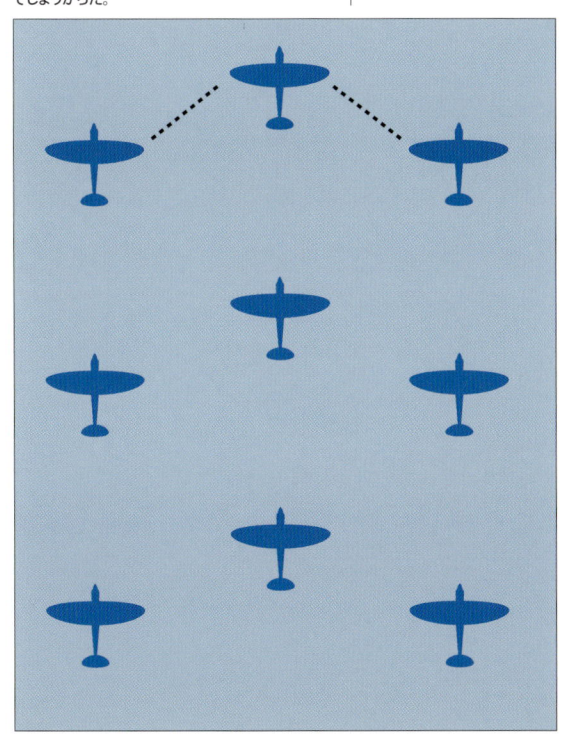

アを扱うのが、エンジンストールを恐れて自機を酷使できない不慣れな新人パイロットである場合はなおさらだ。

　貴重な比較試験を通じて、エンジンの性能面からも、Bf109Eがスピットファイアからの追尾を振り切ろうとする際に、急降下を多用することが予測できた。燃料直接噴射式のDB601エンジンは、急降下の間も出力を落とすことがないからだ。ところがフロート式キャブレターのマーリン・エンジンはマイナスGのもとでは燃料供給が途切れてしまい、最悪、停止してしまうのである。そこで、追尾対象のBf109Eがバント機動（逆宙返りに続く半横転）に入ったら、これに応じて半横転からの降下で追尾する術をイギリス軍パイロットは学び取った。この動きならストールを避けられるからだ。

　この上ない扱いやすさと、低中速域での反応の良さ、低速時の良好な上昇性能、失速耐久性の高さとスピンしにくさ、離陸距離の短さなど、Bf109Eが見せた高性能はRAFの調査チームに純粋な敬意を抱かせた。しかも、高速域での反応の悪さを突こうにも、時速400マイル（643.7km/h）近辺での空戦にスピットファイアはそもそも対応できないので、自慢の機動性の良さを活かすことは困難だ。交戦時、後ろをとられたBf109Eが速度を上げて振り切ろうとすると、スピットファイアが必死に阻止射撃してくるという事実に、Bf109Eのパイロットたちは間もなく気づいている。方向舵にトリマーがないこともBf109Eの欠陥としてRAFのテストパイロッ

パイロットの錯誤によって、フランス軍飛行場に着陸してしまったBf109E（機体登録番号1304）は、フランス空軍で検分された後に、RAFに引き渡された。RAFカラーに再塗装された機体は、1940年5月から6月にかけてファーンバラにてRAF飛行試験局の手で徹底的に分析された。試験飛行の回数は53回にもおよび、前線に配備されているあらゆるタイプの戦闘機と模擬戦を行なっている。1942年1月にはアメリカに送られて、さらに評価試験を受けるが、こうして地球を半周する長旅を強いられた連合軍の「エーミール」は、同年11月3日、オハイオで着陸に失敗し、修理不可能な損傷を負ってしまった。

1940年、ファウルミアから出撃し後、密接な編隊を組んで飛んでいる第19飛行隊のスピットファイアMk.Iの様子。RAFは密集飛行隊形を軸とする空戦戦術に固執したため、バトル・オブ・ブリテンではBf109Eに対峙したハリケーンやスピットファイアが多大の犠牲を強いられた。

P.58-59イラスト●1940年8月30日1630時、第603飛行隊のブライアン・カーベリー中尉はB分隊を率いてカンタベリー上空を飛行中に、3機のBf109を北方に確認した。「私は最後尾の敵機を狙い撃った。先を行く敵機2機は私の背後についた。射撃はしっかりと敵機をとらえ、プロペラに異常が生じるのをはっきりと認めた。やがて敵機のプロペラは白い煙を吐きながら停止してしまった。敵機は東海岸を目指して滑空を開始した。私は背後に回り込んできた敵に対処するために、すぐさま機体を翻したのだ」 エルンスト・アルノルト軍曹が操縦する3./JG27所属のBf109E-1はひどい損傷を負い、どうにかコントロールは回復したものの、最後はファヴァーシャム近郊の空き地に不時着を強いられている。

トから指摘されている。高速で直進を維持しようとすれば、パイロットに重い負担となって跳ね返ってくるのだ。また、コクピットが狭く、居住性が低い点にもマイナス評価を与えている。

"Spitfire at War"の著者、アルフレッド・プライス博士は鹵獲したBf109Eの評価試験について、次のように記述している。

概して、スピットファイアMk.IとBf109Eはほぼ同等の実力を備えていたと言えるだろう。彼らが相まみえれば、まずはどちらが先に相手を発見したか、どちらが主導権を握っているか、どちらが相手についての正確な知識を持っているか、どちらが有効な編隊を維持しているか、そしていうまでもなく、どちらの射撃が優れているか。以上の要素が勝敗を左右するだろう。

1940年6月にフランスが陥落した結果、ルフトヴァッフェも飛行可能なスピットファイアの鹵獲に成功した。さっそくトップエースの1人、ヴェルナー・メルダース大尉（撃墜数39機、うちスペインでの記録14機）のもと、レヒリン試験場で飛行試験が行なわれた。メルダースはハリケーンとスピットファイアの両方に搭乗しているが、レヒリンでの体験をIII./JG53の戦友に書き送っている。

我々の言葉を使うならば、イギリスの戦闘機は両方とも飛ばしやすい。……離着陸なら子供でもできそうに思えるほど容易だ。……（ハリケーンよりも）スピットファイアは一段抜きんでていて、旋回時の挙動は軽快で柔らかく、多くの基本的な部分でBf109Eと同水準にある。しかし急降下時にエンジンが数秒間停止するという欠陥があり、プロペラも2段可変ピッチ（離陸時と巡航飛行時）でしかないことから、格闘戦には不向きな戦闘機である。戦闘時の高度に関係なく、高度変化を頻繁に繰り返すような展開の空戦では、決して能力を発揮できない機体であることがわかる。

同僚のエースパイロット、7./JG54所属のエルウィン・レイカウフ中尉（戦争終了時に33機撃墜）は、1940年夏に体験したスピットファイアとの

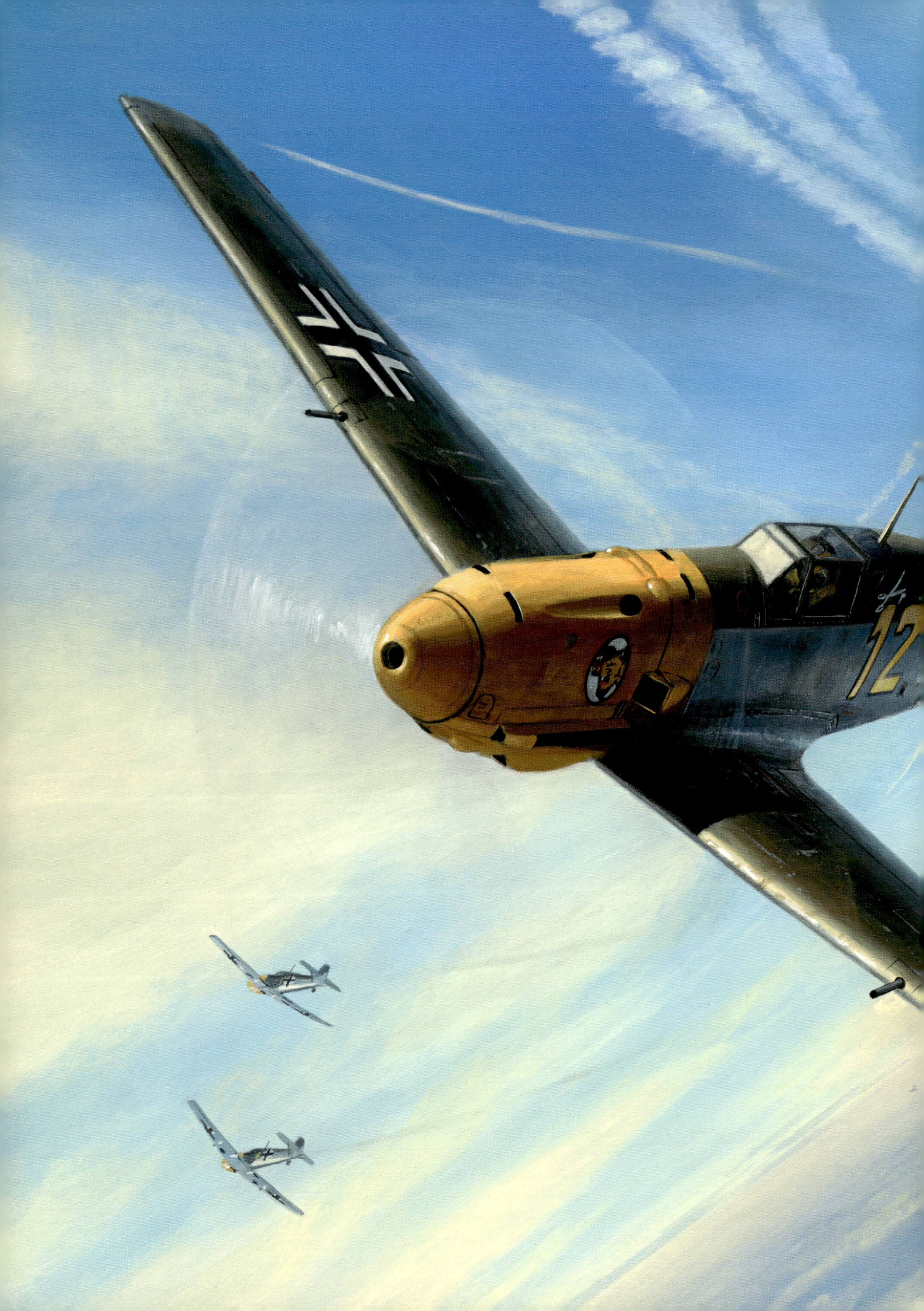
12

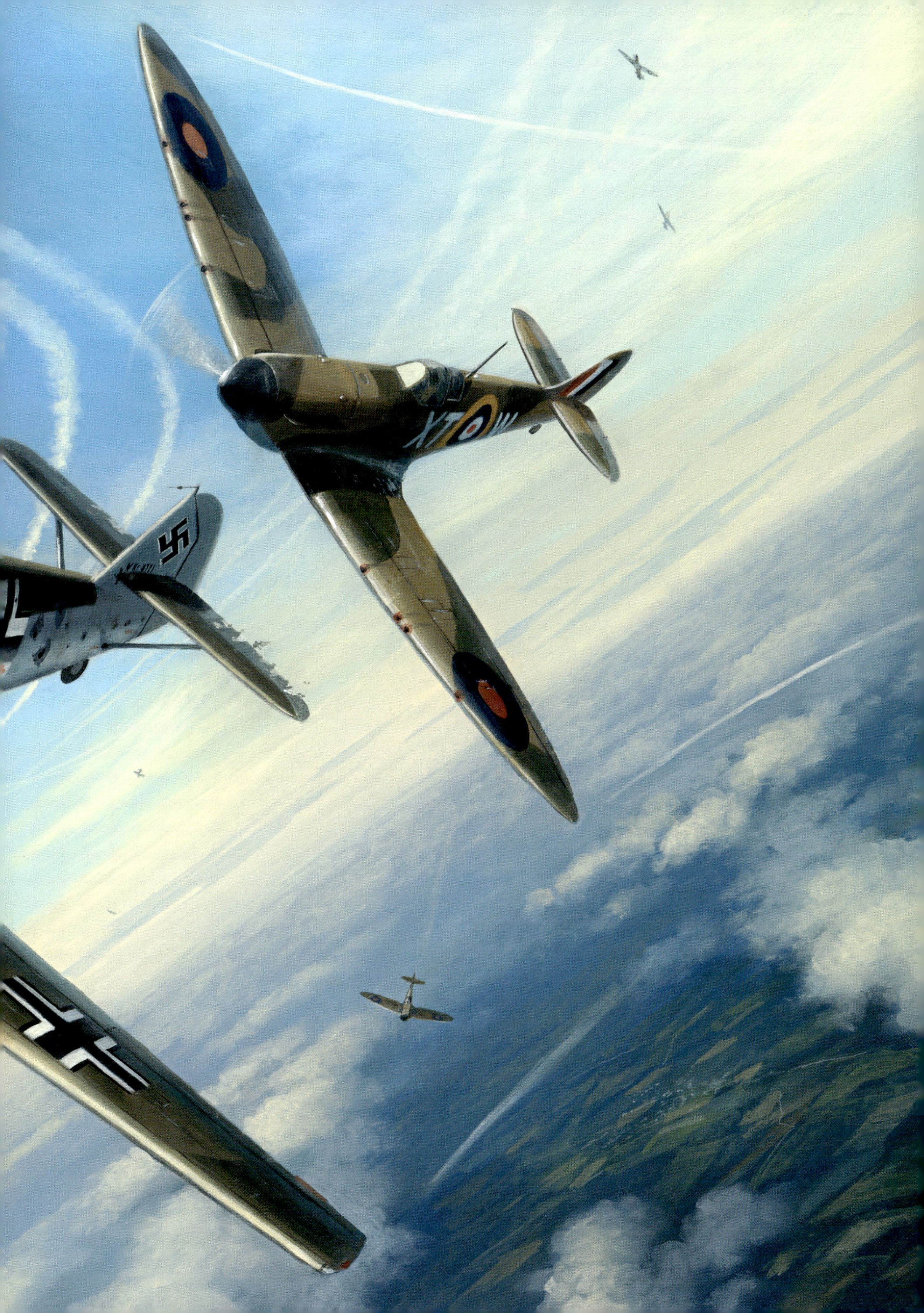

1940年5月26日にケン・ハート少尉が不時着して以来、ダンケルクの海岸にうち捨てられたままのスピットファイアMk.I（第65飛行隊所属、機体登録番号K9912）。Bf109Eとの交戦中、致命傷となる命中弾を受ける直前に、将来のエースであるハート少尉は「エーミール」を1機撃墜したと主張している。不時着機に火を放った後、少尉は2日後には船に乗ってイギリス本島に帰還した。1940年5月22日から6月2日にかけての戦いで、RAFはK9912をはじめ61機のスピットファイアを失っている。

戦いについて、アーマンド・ファン・イショフェンのインタビューに答えた内容が、彼の著書"Messerschmitt Bf109 At War"に次のように引用されている。

　Bf109EとスピットファイアMk.Iの本質的な違いは、後者の方が横転主体で、操作性に劣る点にある。全幅をおさえつつ長方形を基調とした主翼を持つBf109Eは、操作性に優れ、速度も上回っていた。また主翼前縁にはスラットがある。飛行時のBf109は、故意にせよ不注意にせよ失速寸前になると前縁スラットが開いて、操縦不能になるのを防ぐのだ。新人パイロットの多くが、スラットのおかげで自信を持って急旋回できることを認めている。経験豊富なパイロットについても、スラットが効いていないときに、改めて本当の操縦をしている気分になるものだ。1940年から空を飛び始めたパイロットは、スピットファイアの方がBf109よりも優れた旋回性能だったというのだろうが。……私に言わせてもらえば、幾度もスピットファイアとの格闘戦をくぐり抜け、その度に仕留めてきたのだがね。

　ダンケルク上空の戦いからバトル・オブ・ブリテンの初期に苦しい実戦を経験した直後、RAFが前線のスピットファイアに対してロートル製定速ピッチプロペラの装備を急いだ結果、Bf109Eと同等の性能を発揮できるようになっている。

■イギリス空軍の戦術
　開戦から18ヶ月間、スピットファイアは融通が利かない戦術を堅持せざるを得ず、空戦では不利な立場に甘んじていなければならなかった。それは何故か。1930年代の空軍関係者にとって最大の脅威は、爆撃機の存在だった。当時はまだ戦闘機の航続距離が短かったことと、フランスが同盟国になっているという戦略的状況から、仮想敵国ドイツの爆撃機は、本国から長駆、護衛を伴わずにイギリスに飛来するほかないと見なされていた。しかし、イギリス軍が保有する戦闘機の武装は、ライフル弾と口径を

同じくする.303口径の機関銃がもっぱらで、爆撃機を撃墜するにはパンチ力不足であり、密集隊形を組みながら大挙襲来してくる爆撃機集団に、戦闘機が個々で挑むのは危険であると見なされていた。このような予測に対して、RAFの空戦開発研究所（AFDE）は、戦闘機もまた集団密集隊形で挑むべきと結論した。戦闘機を集団で運用して、一度の攻撃で敵爆撃機に差し向ける銃火の数を増やそうと考えたのである。この発案にしたがって、前線パイロットは編隊飛行に必要な技術を入念に教え込まれた。とりわけ、交戦空域攻撃と呼ばれる6種類の戦術パターンが有名で、RAFはこれを正式採用して、1938年に発行した空戦戦術教本にも掲載している。教本は戦闘機飛行隊でも当たり前に使われるようになったが、当時の様子についてアラン・ディーアは次のように語る。

　開戦前、戦闘機の飛行訓練といえば交戦空域攻撃時の戦闘隊形に関することばかりで、小隊や飛行隊単位での編隊攻撃をそれは熱心に訓練したものだった。攻撃命令は常に編隊長機が出すことになっていて、彼が意図する攻撃戦術には、例えば「交戦空域攻撃5番、開始」のようにあらかじめ番号が付いていた。我々が披露する交戦空域攻撃だけを目にすれば、編隊飛行のこの上ないお手本だと誰もが舌を巻くだろう。けれど、効果的な射撃という観点からはほぼ無意味だった。編隊を維持するのに忙しすぎて、敵機に狙いを付けている時間がほとんどなかったからだ。

　当時、RAFが採用していた戦闘機飛行隊形は、俗に"vic"（ヴィック）と呼ばれた3機単位での「逆V字」隊形を基本としていた。12機からなる飛行隊はA、Bの2個小隊に分割され、各小隊は3機からなる2個分隊で構成される。そして、この3機からなる飛行分隊4個が隙のない密集隊形を組んだ状態が、完全状態の編隊だと見なされる。編隊を先導する「逆V字」は、編隊長または副隊長が指揮し、直後に同飛行隊の逆V字が連なって飛行するのだ。敵爆撃機編隊を目視すると、編隊長は編隊を維持したまま敵背後の空域に

1940年6月初旬、グレイヴゼンドを発し、海峡上空を哨戒中の第610「カウンティ・オブ・チェスター」飛行隊。ダイナモ作戦（ダンケルク撤退戦）においてフランス上空で激戦を繰り広げた同飛行隊は、その経験から写真のように2〜3個小隊が前後の位置関係を緩めにとった飛行隊形を採用していた。続くバトル・オブ・ブリテンでは、第610飛行隊は約20日間の戦闘を経て58機撃墜を報告している（うち30.5機が確認済み）。戦果の半分はBf109Eであるが、同隊もスピットファイア20機を失った。

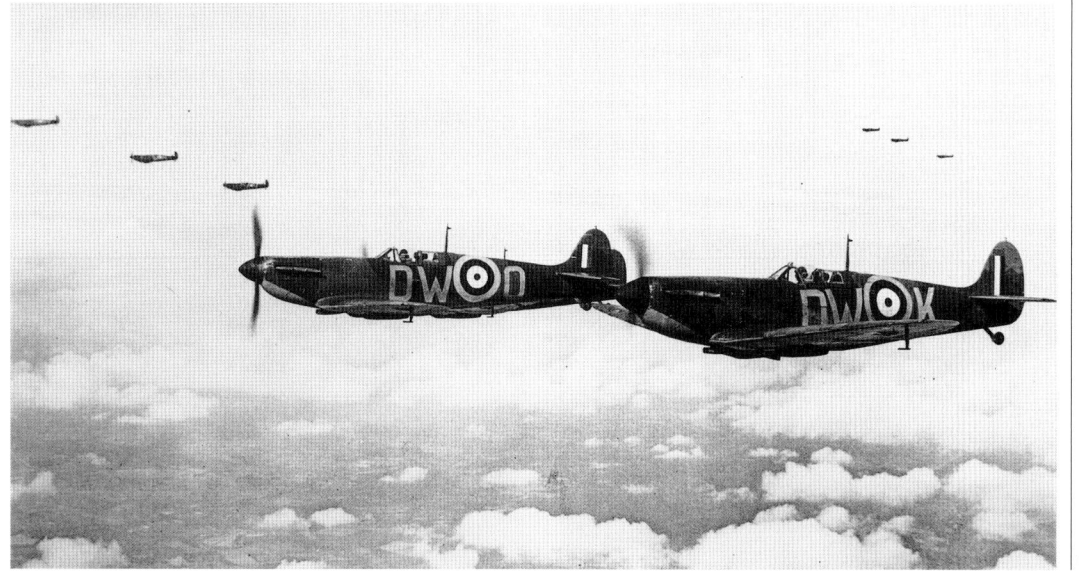

移動し、分隊単位で波状攻撃を仕掛けるのである。敵がもし、前方警戒にあたる護衛戦闘機を伴わない爆撃機部隊であれば、この戦術は絶大な効果を発揮しただろう。しかし、多大な手間と時間をかけて磨き上げた交戦空域攻撃は、Bf109Eのような軽量小型の高性能戦闘機を相手にするにはまったく役に立たないことが、すぐに明らかになってしまう。事実、きっちりと整った「逆V字」を発見したドイツ軍パイロットは、簡単に高度面での優位を占められることもあって、「愚者の隊列」と呼んであざけっていた。

　明らかに不利な状況のなか、厳しい緒戦を生き延びたパイロットたちは、当然、自由に機動できる余地がある飛行隊形の必要性を思い知ることになった。また、敵からの奇襲を防ぐためには、互いの死角を補い合うように飛ばなければならないことにも気づく。いざ戦闘となれば、理屈抜きで僚機は互いに支援できる位置関係にいなければならないのだ。

　ルフトヴァッフェが採用している4機編隊のシュヴァルム（ロッテと呼ばれる緩いつながりの2機編隊を軸とした戦闘機隊の基本隊形）は、列記した諸条件をすべて満たしているが、戦闘機コマンドの逆V字は欠点だらけだった。シュヴァルムの中では、どんなに密集していても、個々の機体には自由に旋回する余地があるが、逆V字ではそうはいかない。編隊を維持することを前提にしているため、旋回の範囲は旋回軸の軸となる機体の動きに縛られてしまうからだ。

　索敵でも、シュヴァルムならば友軍機同士の衝突を心配せずにパイロット各々が自由に索敵可能である（編隊の後方空域にも警戒の目を向けられる）。ところが逆V字では、索敵を行なうのは編隊長機だけで、2機の僚機は密集隊形の維持に全神経を集中しなければならなかった。このため、逆V字の後方上空は非常に危険な死角となってしまい、緒戦ではこの角度から襲いかかってくるドイツ軍機にさんざんな目に遭わされている。

　被攻撃時の対応も違う。ロッテないしシュヴァルムなら背後から攻撃を受けても、編隊が急速旋回で対応できれば、今度は逆に攻撃側が窮地に立たされることになる。ところが逆V字が同様の攻撃を受けた場合は、僚機の救援行動が間に合うより先に、狙いを付けられた機は撃ち落とされてしまうだろう。

　逆V字では、索敵ができるのは編隊長機だけで、編隊維持に気をとられた僚機は索敵どころではないというのは、先に説明したとおりだ。これは、背後上空ないし下方からの攻撃にきわめて脆弱であるという弱点を残したままと言うことであり、バトル・オブ・ブリテンが勃発してしばらくの間は、背後から忍び寄って獲物を狙うドイツの狩人を大いに喜ばせていた。事実、

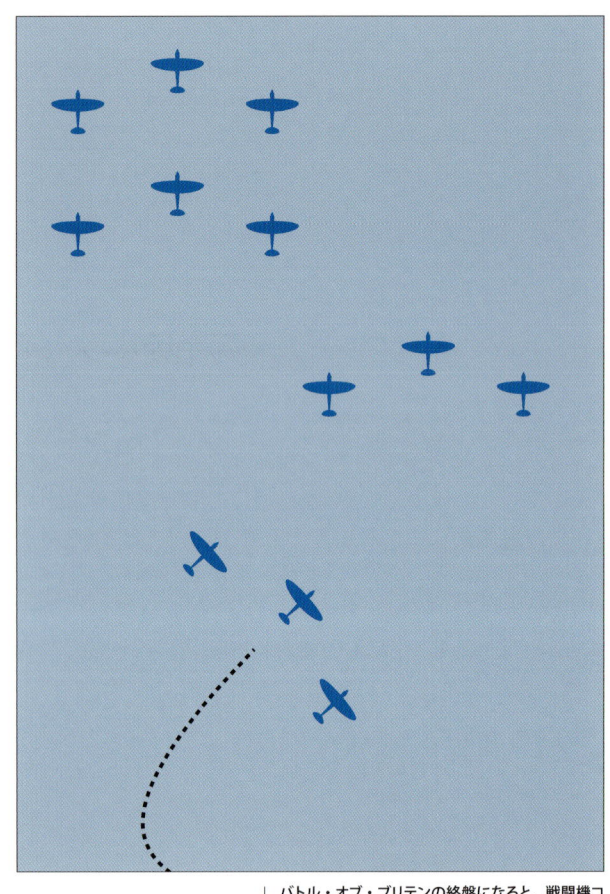

バトル・オブ・ブリテンの終盤になると、戦闘機コマンドは従来より緩やかな編隊飛行を認め、「織り手」と呼ばれた編隊最後尾の小隊に、編隊全体の安全を守るための後方監視任務が与えられる。しかし、この変更はドイツ側の優位を若干失わせるにとどまり、逆に孤立して支援を受けにくい位置にある「織り手」は多大な損害を強いられることになった。

背後から襲われた後衛小隊の機体は、僚機が助けに来るより先に撃墜されるのが常だった。

　ダンケルク撤退戦から引き上げてきたスピットファイア飛行隊は、交戦空域攻撃と密集隊形を堅持することの無意味をはっきりと悟った。1940年5月24日、フランス上空を哨戒飛行中にHe111爆撃機を発見してからの出来事で、あやうく命を落としかけた顛末について、アラン・ディーアは語っている。

　「タリホー！　タリホー！　敵機正面直上に発見」無線から聞こえて来たマックス・パーソン大尉の警報で、哨戒中の飛行隊はすばやく戦闘隊形を

## 敵機との接触

　1940年ではほとんどの戦闘機が12秒から15秒間の連続射撃ができるだけの弾薬しか積載していなかったので、パイロットは射撃目標の選定や射撃タイミングは言うまでもなく、射撃距離や角度にも敏感になるのは当然だった。戦闘機同士の空中戦で攻撃可能なチャンスはほんの数秒間しか訪れない。太陽を背に背後直上から急降下で襲い来る敵機（「注意、"フン族"は太陽の中」という格言をRAFで知らない者はいない）は、2〜3秒ほど射撃をしただけで飛び去ってしまうが、「バウンス」と呼ばれたこの空戦戦術は、古典的な待ち伏せ戦術である。もし両陣営とも初動で主導権を握っていないとすると、戦闘はドッグファイトに移る。どちらも敵機の「尻尾」を狙ってめまぐるしく飛び回ることから、接近戦にこのように名前が付けられたのだ。急激な旋回を多用するドッグファイトでは、速度と操作性の両方に優れた機が敵の背後をとりやすいため、2つの性能が勝敗を分ける鍵となる。

　ロバート・バンギは著書"The Most Dangerous Enemy（もっとも危険な敵）"の中で、空戦に必要な4つの鍵について語っている。1つは機体の性能を最大限引き出すことができるパイロットの技量。2つ目はパイロットの視力である。実際、多くのパイロットが視力の改善に努めている。"セイラー"マラン大尉は壁に描いた点を見つめ、視線をそらした後で、再度焦点を合わせるといった訓練に暇さえあれば取り組んでいた。ボブ・ドウは視野を4分割して、それぞれが作る半球に索敵を集中するといった工夫で索敵方法を定型化していた。射撃技量も不可欠だ。突出したエースパイロットには、散弾銃を撃った経験を持つ者が多い。南アフリカの農場で育ったマラン大尉は、少年時代から狩猟に親しんでいた。ドイツ空軍の大エース、アドルフ・ガランドは、5歳の時にはすでに狩猟旅行を経験している。不可欠な資質の最後は、精神面の力——恐怖を克服し、積極的に攻撃に臨む姿勢である。空中戦に勝利する経験をすると、人生は劇的に変わるという。

　イラストは1939年以降、照星と照門だけの照準器に代えてスピットファイアMk.Iに搭載された、バー・アンド・ストラウド製GM-2光像式照準器である。座席を定位置に定めてスイッチを入れると、パイロットの前に置かれたワイドスクリーンに円環と光点からなる照準用の光像が浮かび上がる仕組みだ。後方視界の悪さを補うために、照準器用ワイドスクリーンの上に自動車と同じ役割を果たす小型のバックミラーも据え付けられている。

整えた。3,000フィート（915m）上空に、青空を背景にしてドイツ軍爆撃機の大編隊がくっきりと見えていた。彼らは護衛も伴わずに悠々とダンケルク方面を目指していた。「格好の的じゃないか……」私は思わず舌なめずりをしたよ。

「ホーネット飛行隊、エンジン全開、上昇して攻撃せよ」飛行隊長の〝プロフェッサー〟・レザート大尉が命令する。「ホーネット飛行隊、〝(交戦空域攻撃) 5番〟で攻撃、繰り返す、5番で攻撃、突っ込め!」

命令と同時に、小隊は攻撃命令の内容に呼応して決まっている定位置につき、各々は目標を見定める。ところが、我々は敵護衛戦闘機からの反撃はないと判断していたのに、──というより、我々がこれから披露しようとしている空戦戦術を考えた当時は、護衛戦闘機の存在など一切考慮していなかったのだが──授業料は高く付いた。

「おお、くそっ……メッサーシュミットだ。散開！ 散開だ!」

2度目の警報は無用だった。「散開」の一言で編隊はあらゆる方向にちりぢりになり、生き残りたい、ただその一念で敵爆撃機のことなんか頭の中から消え去ってしまうのだから。

第54飛行隊はどうにかBf109Eからの攻撃を生き延び、逆にドイツ軍戦闘機を9機撃墜したと主張するほどであった。これが事実なら、もともとの空戦戦術よりも、パイロット個々人の技量に焦点をあてるべき戦果ではあるが。やっとの思いでホーンチャーチ飛行場に帰還したパイロットの間で、戦術について疑問がわき上がるのは当然だろう。アラン・ディーアと同じ〝キーウィ（ニュージーランド出身者を指すスラング）〟で将来のエースとなるコリン・グレイ少尉は敵機関砲に追い詰められて、めちゃくちゃに逃げ回っていた。

背後から奴らが迫るのを、嫌でも考えずにはいられなかった。味方機がちりぢりになって飛び去った後で、私を含む不運な数機は恐ろしい思いをすることになるが、この時ほど、自分がフン族（ドイツ人への蔑称）の戦闘機に今にも狙い撃たれようとしていると感じたことは、この先、二度となかった。

第54飛行隊では交戦空域攻撃の放棄を決意するに至ったが、逆V字隊形は、訓練が飛行学校のカリキュラムから外れる1941年まで継続して使用された。というのも、RAFは前線部隊のレベルで新戦術を導入することを、公式に禁じていたからだ。現実問題として、バトル・オブ・ブリテンの趨勢に目処が付くまでは、新しい空戦戦術の開発に着手する余裕など、戦闘機コマンドにあるはずがなかった。同時期、後にエースパイロットになるボビー・オックスプリング少尉も、第66飛行隊のスピットファイアで同じような経験をしているが、その時の苦境を次のように語っている。

我々は皆、バトル・オブ・ブリテンで採用していた戦術が欠陥だらけだと言うことには気づいていた。それでも身体の芯までたたき込まれたことを最初からやり直すには、あまりにも時間がなかった。日に3回、多いときは4回も戦闘出撃しなければならないのだから、演習で試す余裕なんて

1940年の晩夏、イングランドを目指し、シュヴァルムを組んで飛行中のBf109E。写真では撮影用に互いにかなり接近しているが、通常は「フィンガー・フォー」と呼ばれるように、もっと機体同士の間隔を広くとって飛行している。シュヴァルムは2つのロッテで構成され、ロッテを組む機体同士はおよそ200mほど離れて飛行する。この飛行隊形は戦闘機との対戦にきわめて都合が良く、1940年5月から12月にかけて盛んに用いられている。

訳註18：「尻尾のチャーリー」とも呼ばれた後方警戒小隊は、たとえ敵からの攻撃を受けずにすむ幸運に恵まれても、編隊僚機より先に燃料を使い果たすのが当たり前だったため、とりわけ過酷な任務だった。

訳註19：バトル・オブ・ブリテンに先立つ奇妙な戦争の時期に、大陸遠征軍支援のためにフランスに派遣されていたハリケーン飛行隊には、前方400ヤードに設定された8挺の機銃の弾道集束距離がドイツ軍機相手には不向きであり、ドッグファイトを重視して250ヤードに変更する方が効果的であると主張するパイロットが多かった。バトル・オブ・ブリテンは以上の報告を追認するものであった。

ない。しかも、飛行訓練学校から送られて来る新米パイロットは、役立たずになった密集隊形戦術しか知らない有様だ。教わってもいないことを、そうも簡単に自分のものにできるはずがないだろう。

　そこで、もっとも手を付けやすいところとして、前線部隊は逆V字の改良に目を付けた。最初の変更は、隊形をより幅広にすることである。これにより編隊長機の動きを注視しながら密集隊形を維持しなければならない重圧から解放されたパイロットは、積極的に索敵に参加できるようになった。また小隊ないし2機の戦闘機が、飛行隊本隊の後方上空約1000フィート（300m）ほどの位置で、主に後方からの奇襲に備えて警戒にあたるようになった。しかし「織り手」と呼ばれた後方警戒小隊は、常に敵の攻撃に暴露した位置にあるため、バトル・オブ・ブリテンでは無数の「織り手」が撃墜されることになった [訳註18]。こうした改良で戦闘機コマンドの伝統的編隊は、索敵能力と相互支援の向上を見たが、密集隊形へのこだわりが強く、敵襲に対する急旋回での対応能力の欠如は課題として残った。

　このように、ダンケルク撤退戦を経験した多数の飛行隊が、飛行戦術の改良に踏み切っている。その中の1つ、第74飛行隊の偉大なる戦術家、アドルフ・ギズバート・"セイラー"マラン大尉の貢献を外すわけにはいかないだろう（セイラーは戦争前に商船員だった経歴から付いたあだ名）。大尉のアイディアでは、空中戦に突入する段階で、編隊を各4機の3個分隊に分割する。もし編隊が散開した状態だったら、ペアとなる僚機を探し出す。もちろん生き残るためには、確かな戦闘経験と幾分かの「ルールを曲げる」能力が必要なのは言うまでもない。マラン大尉をはじめ、アラン・ディーアやボブ・スタンフォード・タックらは、武装と射撃距離の調和についても問題提起を行なった。開戦前の軍の公式見解では、.303口径機銃の有効射撃範囲は編隊から前方400ヤード（約365m）とされていた。しかし、実戦を経てマランが出した結論は、250ヤード（約228m）が有効射程であり、命中を確実にするためには、可能な限り敵機に接近しなければならないというものだった。この提案は、1940年夏に正式認可を受けることになる [訳註19]。

　以上の変更が検討されているのと同時期に、スピットファイアには、パイロットの間で「デ・ウィルデ弾」として知られた一種の曳光弾の供給が

始まった。デ・ウィルデ弾には曳光性能はないが、その代わりに目標に命中すると発火する性能を帯びた弾丸であり[訳註20]、射撃時の狙いが正確かどうか、パイロットに明確な自信を与えることができる。

　戦術面で後れをとった状態からの始まりではあったが、戦闘機コマンドが育成したパイロットの底力や優れた戦闘管制ネットワーク、スピットファイアの機体性能、そして性能では劣るもののハリケーン戦闘機が数の穴を埋めてくれたことなどの条件がいくつも重なり、RAFは最後にはイギリス本土上空の制空権をつかむことができたのである。

### ■ドイツ空軍の戦術

　1940年にRAFが立ち向かったドイツ空軍の戦闘機隊(ヤークトヴァッフェ)は、当時、世界でもっとも実戦経験を豊富に持ち、進んだ戦術を会得していた部隊だったに違いない。スペインの空を経験したパイロットは全体の三分の一に過ぎないが、そこで学び取られた教訓は戦闘機隊(ヤークトヴァッフェ)のなかにしっかりと持ち込まれていた。とりわけ、ヴェルナー・メルダースはコンドル兵団の猛者の中でもっとも強い影響力を持っていて、彼がスペインでの実戦経験を元に体系化したノウハウは訓練にも取り入れられている。

　空戦に関するメルダースの哲学は飛行技術よりも格闘戦を重視している。そして経験が導き出したメルダースの答えは、第1次世界大戦以来の3機編隊による逆V字を放棄して、ロッテ（二人一組の意味）と呼ばれる航空機2機を空戦の基本単位とすることだった。これはやがて、すべての戦闘機隊(ヤークトヴァッフェ)で採用される基本的な戦闘単位となる。ロッテにおいては編隊長機(ロッテンフューラー)が敵機撃墜の責任を負い、僚機(カチュマレク)が僚機の背後を守る。僚機は自分が飛んでいる位置や、次にすべき行動について思い悩む必要はない――単純に、編隊長機からわずかに上方にいることを意識して、あとは彼を追うように操縦すればいいのだ。通常、僚機は編隊長機から200ヤード（180m）の離れた位置を占位して、僚機と大まかな並行をなすように飛行する。そ

訳註20：通常、曳光弾は燃焼しながら飛ぶために、重量の変化によって機銃弾とは異なる弾道を描く。しかし0.5gの硝酸バリウムが加えられたデ・ウィルデ弾は、敵機に命中した衝撃で発火する仕組みなので、弾道特性に癖がないうえ、燃料タンク命中時の引火性が非常に高くなっている。この弾丸は同名の発明家がスイスで開発したものという俗説があるが、大量生産の技術を確立したのはイギリス陸軍のオーブリー・ディクソン大尉である。ウリッチ工廠で極秘開発されたデ・ウィルデ弾は、ダンケルク撤退戦でその威力を証明し、バトル・オブ・ブリテンにおけるイギリス軍の勝利に大きく貢献した。

ヴェルナー・メルダースがスペイン内戦で得た経験をもとに考案した戦術を、ドイツ空軍は採用した。戦闘機の基本単位は2機で構成するロッテで、ロッテが2個連なってシュヴァルムを構成する。ロッテの長機と僚機は編隊としての機能を維持できる程度の距離を開けつつ、周辺空域への索敵に神経を集中させる。また、飛行中隊は3個シュヴァルムを緩やかな横隊にするのが通例で、この時の隊列の幅はおよそ1マイル（1.6km）となる。

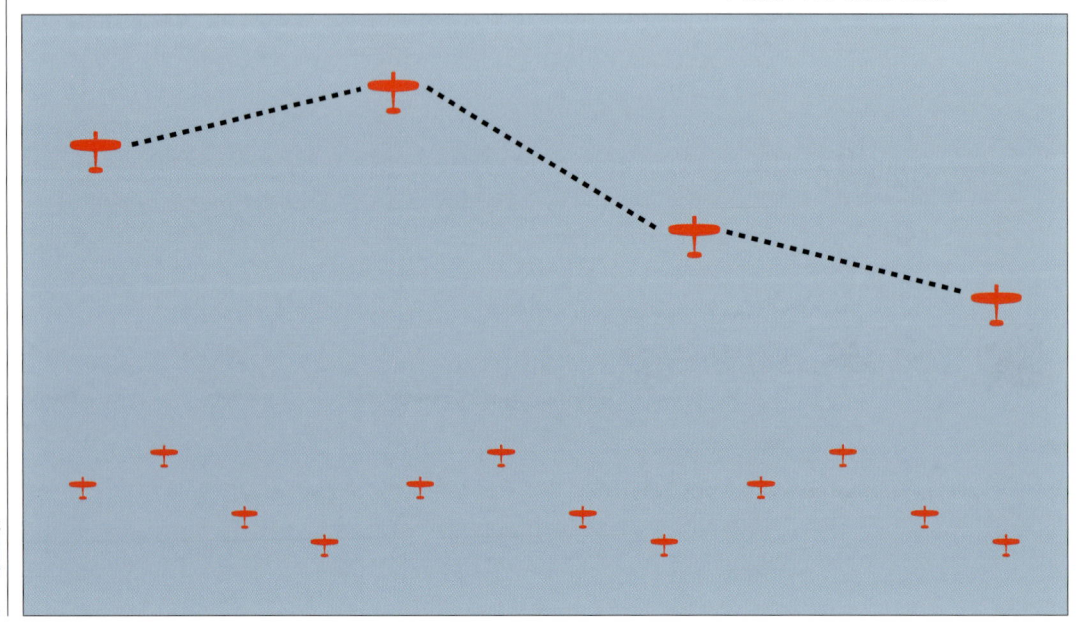

して、パイロット同士互いの死角を補い合うように索敵に神経をとがらせるというわけだ。

　ロッテ2個でシュヴァルム（昆虫や鳥などの「群」を指す言葉）を構成する。ロッテ同士の間隔は300ヤード（270m）ほどで、これは交戦時におけるBf109Eの旋回半径とおおむね一致している。シュヴァルムの中では、先導するロッテが片翼のやや前方寄りを占位し、飛行中隊単位では3個シュヴァルムが高度差を付けながら縦列ないし横列を組んで飛行する。会敵予想空域で起こりがちなのだが、高速飛行時の旋回でシュヴァルムの外側の機体が落後するのを防ぐために、戦闘機隊（ヤークトヴァッフェ）ではローリングを併用した交差ターンを考案している。これならばパイロットは速度を落とさずに旋回を開始し、ロッテの位置関係が入れ替わるだけで機動を終えられるからだ。

　第二次世界大戦の序盤、Bf109Eはあらゆる敵戦闘機に対して高度性能では優位に立っていたので、太陽を背に突入する機会でも得ない限り、戦闘機隊（ヤークトヴァッフェ）の戦術を凌げる挑戦者は皆無だった。もし最初の射撃を外してしまっても、Bf109Eはこの時の急降下で得た速度エネルギーを利用して急上昇し、すぐさま反復攻撃が可能な位置に戻ってしまうのである。速度では劣るも機動性では優れたタイプの敵戦闘機に対しては、Bf109Eはパイロットが望むように戦闘を回避できた。

　奇襲を受けた場合は、ロッテないしシュヴァルムは通例、個々の判断で急旋回して攻撃位置に着く機会をうかがい、余裕がないと判断したときには、E型から搭載した燃料直接噴射システムを頼みにバントからの急降下で回避を試みる。戦闘から離脱する際には、機体を反転させて背面飛行に入り、そこから操縦桿を引き込んでフルスロットルで急降下するアプシュヴング（アメリカなどでの"スプリットS"）を使うこともできるが、少なくとも1万5000フィート（約4500m）は高度を失うために、注意が必要だ

ケント州マーデン近郊のウィンチェット・ヒルに胴体着陸を強いられたBf109E-4（Stab./II./JG3所属機）。1940年9月5日、第603飛行隊のバジル・「スタンプ」ステイブルトン少尉（後にエースとなる）の戦果である。捕虜となったエースパイロット、フランツ・フォン・ヴェラ中尉は移送先のカナダから中立国のアメリカに逃れ、そこから密航して翌年にドイツに帰還する離れ業をやってのけた。このエピソードは"The One That Got Away（邦題：脱走4万キロ）"というタイトルで映画化されている。

編集部補足：『脱走4万キロ』1957年イギリス。監督：ロイ・ベイカー　出演：ハーディ・クリューガー／コリン・ゴードン他

った。

　ロッテとシュヴァルムはダンケルク上空からバトル・オブ・ブリテンの大半を通じてよく機能した。敵を発見し撃破するという任務にロッテの編隊長機が集中できるシンプルさが奏功したのだ。敵を発見した後は、編隊長機が敵を仕留めにかかり、僚機は編隊長機の後方をカバーするのである。自由度が高い戦術を堅持することで、メルダースをはじめ、アドルフ・ガランド、ヘルベルト・イーレフェルト、ヴァルター・エーザウ、ヘルムート・ヴィックなど才能あふれるパイロットは、次々と大戦果をあげていった。もちろん、ここに列記したような大エースばかりでなく、優秀と表すべきパイロットもこの戦術に信頼を寄せている。3./JG52のウルリッヒ・シュタインヒルパー中尉もその1人で、彼は1940年9月26日の経験を次のように話す。

　我々の中隊がドーヴァー海峡に向かって飛んでいると、眼下に1個飛行隊相当のスピットファイアが縦列をなしているのが見えた。最後尾の両側には「織り手」が目を光らせている。青緑色の海を背景にくっきりと浮かび上がっている敵の姿を捕らえ損ねるはずもない。飛行中隊長のヘルムート・キューレ中尉は、私に片方の織り手を始末するように指示を出した。中尉はもう片方を狙うつもりでいた。その後に飛行中隊の仲間が続き、それぞれの獲物を狙うのだ。織り手が後方警戒についている敵編隊を狙い撃つには最良の戦術である。もし警報を発する暇を与えずに織り手を始末できれば、あとの戦いは一方的だからね。イギリス軍が採用している戦術は、本当に愚かとしか例えようがなかった。
　キューレ中尉と私は編隊を離れ、攻撃開始位置に着いた。照準器の円環がスクリーン上に赤く浮かび上がるのを確認し、翼内機関砲と機首機銃の射撃ボタンのカバーを外して攻撃に備える。照準器の円環の中でスピットファイアの機影がどんどん大きくなる。射撃ボタンを押し込むと、4筋の曳光が機影に吸い込まれた。私は命中を確信したが、案の定、敵機はきりもみして墜落した。落後した敵は放っておき、私は隊列の組んだままの別のスピットファイアに機首を向けた。そして新たな命中を確認した時には、私はすでに回避行動に移っていたんだ。

　しかし、バトル・オブ・ブリテンの進捗に伴い、戦闘機隊（ヤークトヴァッフェ）が謳歌していた戦術的優位も、イギリス軍の不屈の闘志、すなわち海峡を覆うレーダー監視網と戦闘管制システムの前に輝きを失いはじめていた。さらに爆撃航空団が本島南岸から離れた内陸部の目標を攻撃するようになると、護衛任務に就くBf109Eの航続力不足問題が浮上する。JG26司令官アドルフ・ガラン

トレードマークである葉巻を左手に持ち、RAF爆撃機コマンドの撃墜機から入手した（官給の）革製フライトジャケットを着込んだアドルフ・ガランド大佐（撮影当時）。JG27とJG26に配属されている間に25機を撃墜したとされ、1940年から41年にかけて、スピットファイア Mk.I/IIをもっとも墜としたパイロットの1人である。終戦時のガランドの撃墜スコアは104機だった。

1940年9月初旬、ノルマンディのボーモン-ル-ロジェ飛行場の待避壕を出る1./JG2所属、Bf109E-4 "白の10"。この戦闘航空団はイングランド南西部を守る第10飛行群のハリケーンやスピットファイアと死闘を繰り広げていた。写真から明確にわかるように、機首が完全にパイロットの視界を遮っているため、離陸時にはほとんど前方視界が得られていなかった。

ド中佐は、バトル・オブ・ブリテン終盤において、Bf109シリーズの足の短さが勝利を逸した最大の原因だったと結論し、自著「始まりと終り」の中でこの問題について、かなりの文字数を費やして回想している。

　離陸してからイギリス本島の目標に到達するまでは、海峡のもっとも幅が狭い海域を使っても30分の時間を必要とする。Bf109Eが戦術的使用に耐える航続時間は80分間に過ぎないのだから、敵地上空では20分間しか任務遂行の余裕がない。パ・ド・カレやコタンタン半島の飛行場を拠点とする戦闘機隊(ヤークトヴァッフェ)だけが、どうにかイングランド南部を攻撃圏内に納めているという有様で、この現実が、我が軍の侵攻能力を大きく制限していた。2カ所にある飛行場を中心点に、Bf109Eの作戦可動範囲を示す半径125マイル（200km）の円を描くと、その中にどうにかロンドン周辺をとらえられる。それより先は実質的に作戦目標たり得ない。防御側に立てば125マイルという作戦可動範囲には何ら不満はないだろうが、我々が求められた爆撃機の護衛には不足しているとしか言いようがない。

　それでも、イングランド上空に我が軍の戦闘機隊(ヤークトヴァッフェ)が出現したとなれば、敵戦闘機は迎撃を強いられるはずだ。我が軍は、作戦稼働時間の中で敵戦闘機を撃滅し、控えめに見ても手ひどい打撃を加えられるものと信じ込んでいた。しかし、それが楽観的な予測に過ぎなかったことはまもなく明らかになる。イギリス攻撃が本格化してからしばらくは、空戦は、我々が予想したような展開をたどっていた。空戦技量では我々に一日の長があったから、イギリス軍が迎撃を続けてくれれば、空戦に勝利して制空権を確保できただろう。だが、我々が決定的な勝利を得る以前に、彼らは予想会敵空域から姿を消してしまったのだ。

　弱体化した敵の戦闘機飛行隊は、沿岸部の基地を緊急着陸と弾薬燃料補給用の衛星飛行場として残す一方で、ロンドン周辺の帯状の地域に集結し

1940年9月下旬、第19飛行隊所属、バーナード・ジェニングズジェニングズ曹長機のスピットファイア Mk.ⅠA（機体登録番号 X4474）がケンブリッジシアのファウルミア飛行場から出撃する場面。同月27日、ジェニングズ軍曹はこの機体を駆って、テムズ川上空でBf109Eを1機撃墜した。この日の交戦で、第19飛行隊は8機のBf109Eを仕留めている。第19飛行隊は、60.5機の撃墜を報告しているが、ドイツ軍側の損害記録と照会可能なのは26機のみである。

　て、我が方の爆撃機に狙いを絞るよう方針転換をしたのだ。彼らは戦闘機同士の空戦を避ける一方で、空からの攻撃、すなわち爆撃への対処を強化したのだ。これは理にかなった戦術変更だった。ドイツ軍の戦闘機は鎖につながれた犬にも等しい立場に追いやられた。敵を攻撃したくても、航続距離より遠くの相手には噛みつけないからだ。

　自軍戦闘機と爆撃機の損害がかさむ一方で、戦闘機コマンドの損害が少ないことを受けて、ルフトヴァッフェの上層部は戦闘航空団の作戦稼働時間の短さに責任を転嫁しだしたが、これに対してガランドの回想は続く。

　しかし我々が何を為そうとも、取り巻く環境には悪化の一途をたどる印象しかなかった。とりわけ爆撃機の護衛には、作戦中に解決しなければならない問題が絶えずついて回った。爆撃機の搭乗員たちは、編隊にぴったりと寄り添うようにして忙しく飛び回っている護衛戦闘機を見れば、きっと心強く思うに違いない。爆撃部隊の任務の性質を思えば、目に見える形での護衛が計り知れない安心感を与えるのは当然だろう。しかし、そこに間違いの原因がある。戦闘機は本来、積極的な攻勢に出た結果として、純粋な防御任務を遂行できる兵種なのだ。戦闘機は決して攻撃を受けるのを待っていてはならない。攻撃機会を逸してはならないのだ。

　したがって、我々戦闘機パイロットは「敵地上空への侵入時における自由な哨戒飛行」を好んでいる。我々の姿が視界から消えて、爆撃機搭乗員たちは不安かもしれないが、この戦術が最高の安全と防御を彼らに与えるというのが真実なのだ。

　しかし、爆撃機部隊の損害に目を奪われていた帝国元帥のヘルマン・ゲーリングは、戦闘機隊（ヤークトヴァッフェ）の擁護に立つことはなかった。実際、8月後半にゲーリングは、戦闘機隊（ヤークトヴァッフェ）に対して爆撃機にもっと密接な掩護を与えるべきことを命じ、自機ないし爆撃機が直接の脅威にさらされない限り、敵戦闘機との積極的な空中戦を避けるよう通達している。爆撃機の巡航速度は、当然、戦闘機のそれをかなり下回るが、会敵予想空域で速度を落とすわけに

いかない戦闘機は、護衛に必要な位置どりを維持するためにジグザグ飛行を強いられ、燃料を浪費することになる。爆撃機に対する近接掩護を要求したことで、ゲーリングは戦闘機隊(ヤークトヴァッフェ)が緒戦から得ていた優位を大いに損ねてしまい、最終的に、イングランド南部上空の制空権をRAFに返上するきっかけを作ってしまったのである。

　爆撃機の護衛任務に「縛られて」以降、戦闘航空団の損害は日増しにかさみ、6機撃墜のエースパイロット、1./JG53のハインリッヒ・ヘーニッシュ軍曹も犠牲者の1人となった。

　最後の任務となった1940年9月9日、私はHe111爆撃機部隊の護衛を命じられた。爆撃機のケッテ（ドイツ空軍が採用していた逆V字隊形の3機編隊）が分離したので、私の中隊はその後を追った。中隊のBf109Eは7機に減っていて、私はミューラー軍曹とともに編隊の最後尾を飛んでいた。ロンドンの埠頭が見える頃になっても敵との接触はなかったが、帰途に着くために180度旋回をするタイミングを見計らって、敵編隊が太陽の中から飛び出してくることはわかっていた。ところが友軍編隊に視線を戻したとたん、6機のスピットファイアが横一列になって正面直上50mから襲いかかってきたのを見て、私は度肝を抜かれた。まさに衝突コースだったからだ。攻撃を避けて生き延びるために、私は正面直下の友軍編隊に合流しようと必死になった。中隊長機と並ぶことができて、やっと一息つけたのだ。

　しかしその刹那、自機を叩くような命中音がすると同時に、機体はたいまつのように燃え上がり、炎が顔を襲ってきた。大変な苦労をして私はどうにか機体から脱出したが、着地したとき、顔には7カ所の火傷を負い、左ふくらはぎを機銃弾で負傷していた。捕虜となった私は、ウリッチの病院に2ヶ月間も閉じ込められる羽目になった。（Goss,The Luftwaffe Fighters' Battle of Britain）

　ヘーニッシュ機を仕留めたのは第19飛行隊のスピットファイアエース、ウィルフ・クローストン大尉であり、撃墜劇はほんの数秒間の出来事だった。まさにバトル・オブ・ブリテンを通じて無数に見られた、スピットファイアvs.Bf109Eの戦闘例だったと言えるだろう。

# 統計と分析
Statistics and Analysis

　Bf109Eとスピットファイアは、1940年5月23日に、ダンケルク近郊で第54飛行隊とⅠ./JG27が遭遇してから、1940年12月21日にダンジネス上空で第92飛行隊が7.（F）/LG2所属のBf109E-4を撃墜するまでの間、実力伯仲したライバル関係にあった。1941年になっても、それぞれの後継機は同じように死闘を繰り広げている。

　戦闘機コマンド（とりわけ第11飛行群）は、非力で遅いハリケーンを敵爆撃機に差し向けつつ、ドイツ空軍の8個戦闘航空団を相手に19個のスピットファイア飛行隊を押し立て、1940年の決戦を見事に凌ぎきった。もちろん、ハリケーンがBf109との空戦で活躍することもあったし、スピットファイアも多数の爆撃機を狩っているのは言うまでもない。それでも、スピットファイアの戦果は、とりわけエースになるほどにBf109Eに集中しているし、ルフトヴァッフェからすればBf109Eがスピットファイア狩りの主役であると言うことになるだろう。

　ダンケルク撤退戦で、戦闘機コマンドは72機のスピットファイアを失っている（前線配備機数の3分の1にあたる）。さらに同年8月は最悪の136機を失った。最終的に、バトル・オブ・ブリテンを含む4ヶ月の戦いで、RAFは361機のスピットファイアを撃墜され、撃破数も352機に達している。ただし戦闘機コマンドと自由主義諸国にとって幸いだったのは、戦闘機の生産数が充分に損害を穴埋めできたことで、実際、1940年の夏から秋にかけて747機のスピットファイアMk.I/IIが生産されている。

　同じ期間に、戦闘機隊（ヤークトヴァッフェ）は640機のBf109Eを失ったが、RAFはスピットファイアとハリケーンを合計1023機撃墜されている。もちろん、バトル・オブ・ブリテンにおいては、戦闘機隊（ヤークトヴァッフェ）の狙いは敵戦闘機でしかないのだし、RAFも770機を撃墜したと考えていた点は考慮すべきだ。数字をつきあわせると、Bf109E側の損害比率は1.2:1と優位に立つものの、第2戦闘方面空軍司令官テオ・オスターカンプ大佐が、「アシカ作戦」の実施に先立ち、航空優勢を握るために7月の時点で求めていた5：1の損害比率には遠く及ばない。

　そしてバトル・オブ・ブリテンが始まると、この間、例えばBf109Eは平均155機の月産数を維持して、装備の穴埋めができていたにも関わらず、戦闘機隊（ヤークトヴァッフェ）、戦闘機コマンド双方がパイロット不足に直面することになる。7月には906名を数えていたBf109Eのパイロットは、9月には735名に減少している。

　バトル・オブ・ブリテンを通じて見れば、両陣営とも注目すべき成功を収めているが、勝敗にまで踏み込むとなると、甲乙付けがたい。例えば、7月1日から10月31日にかけて19個のスピットファイア飛行隊が報告した

1940年9月4日、ハリケーンを仕留め、21機目の撃墜マークを描き足された愛機Bf109E-4の垂直尾翼を見て満足の表情を浮かべるヴェルナー・マホルト軍曹。1940年5月26日から1941年5月19日にかけて、彼は13機のスピットファイアMk.I/IIを撃墜している。1941年6月9日、ポートランドを出航した商船団を攻撃中、対空砲火によって機体を損傷した彼のBf109E-7/Zは、ドーセット州のスワニッジに不時着を強いられた。こうして捕虜になるまでに、彼は32機を撃墜している。

撃墜数は合計1064.5機に達するが、研究家のジョン・アルコーンによれば（数字は1996年9月のAeroplane Monthly誌に準拠）、信頼できる数字は521.49機にまで減少する。これは1個飛行隊につき27機という計算になるが、このような数字の食い違いには戦闘による混乱が影響しているのは言うまでもない。この間、ドイツ空軍が戦闘機によって合計1218機の各種航空機を撃墜されているのは、事実に基づく正確な数字となるだろう。

実証された数字に基づく撃墜数上位10位の飛行隊のうち、6個がスピットファイア飛行隊であり、うち2個飛行隊は第11飛行群の防空戦略を支えた「エーミール」狩り専門部隊である。最多撃墜部隊は第603飛行隊で、撃墜数57.8機を記録し（報告は67機）、うち47機がBf109Eである。第3位に付けた第41飛行隊は（89.5機の報告に対して）45.3機を撃墜しているが、うち33.5機がBf109Eである。1940年におけるスピットファイア・エースの2人、ブライアン・カーベリー中尉とエリック・ロック少尉はそれぞれ15機のBf109Eを撃墜しているが、2人がこの2つの飛行隊に所属して戦っていたと聞いても、驚く読者はいないだろう。

ドイツ軍の撃墜報告は、戦闘機コマンドに比べればやや楽観的な数字が並ぶが、ルフトヴァッフェの上層部はRAFが自分の足で立っているのもやっとの状態に陥っていると信じ込んでいた。事実が異なるのは言うまでもない。戦後になってドイツ軍が公表していた数字とRAFの実際の損害数を比較してみたところ、大幅に食い違っていたからだ。当然、混乱状態にあって正しい戦果確認が難しい、空戦ならではの事情もある。敵機1機の撃墜に複数のパイロットが名乗りを上げるのも珍しい話ではないからだ。撃墜数が能力評価と昇進を左右してしまうルフトヴァッフの評価制度は、過

度の戦果報告を促進する要員となっているが、撃墜したとしても、ハリケーンやスピットファイアの大半がイギリス本土かイギリス海峡に落ちてしまうため、残骸の確認ができない点も考慮すべきだろう。

　ドイツ軍の戦術システムは、撃墜数の大半を一部パイロットに集中させてしまい、他のパイロットを単なる支援機の立場に追いやってしまう状況を助長している。JG51の戦果と損害に関するデータが、1940年の戦闘機隊（ヤークトヴァッフェ）に起こっていた現象を如実に証明している。同年7月、JG51は10名のパイロットを失っているが、うち半数は敵機を1機も撃墜できないまま部隊名簿から姿を消し、残り5人が報告した撃墜数は合計11機に過ぎない。そして、同部隊が独ソ戦に備えて移送される1941年6月まで、部隊が喪失したパイロットの比率はこの統計結果を維持しているのだ。

　東部に移送されるまでに、JG51は100名以上のパイロットを喪失しているが、うち半分以上は撃墜の経験すらなく、35名は5機以下の撃墜数にとどまっている。1940年〜41年の空戦はこのような「自然淘汰」の最たる例だろう。初陣から数回、任務に生き残ることができた新人パイロットは、以降、生存率が急上昇し、そこそこは長生きが期待できるようになった。

　統計グラフの反対側に目を転じると、単独撃墜、協同撃墜を問わず5機以上のスピットファイアMk.Ⅰ/Ⅱを撃墜した撃墜王（エクスペルテン）は、この期間に16名誕生している。最多撃墜数はヴァルター・エーザウ大尉の26機で、Ⅲ./JG51に所属している間に記録している。他にもヘルマン-フリードリッヒ・ヨッピン中尉（13機）、ヴェルナー・メルダース少佐（10機）、エルンスト・ヴィッゲルス大尉（10機）が、1940年から41年にかけて10機以上を撃墜しているエースである。ただしエルンスト・ヴィッゲルス大尉は1940年9月11日の空戦でハリケーンに撃墜されて戦死している。

　バトル・オブ・ブリテンが公式に終了したとき、イギリスは第二次世界大戦で初めてとなる勝利を連合軍にもたらした。戦いが終わったとき、Bf109Eを装備した戦闘航空団は健在ではあったが、作戦範囲は局限され、

1940年にリストに名を連ねた大半のエースと異なり、エリック・ロック少尉はもともと戦闘機コマンドのパイロットではなかった。飛行訓練課程をすべて終了した1940年8月上旬になってから第41飛行隊に配属されたからだ。闘志あふれるドッグファイターとして知られたロック少尉は、1940年8月15日から1941年7月14日の間に26機撃墜を報告している。とりわけ、Bf109Eの撃墜数は、偉大なエーミール・キラーとして知られたブライアン・カーベリーと並んでいる。しかし、611飛行隊所属時の1941年8月3日、ロック少尉は北フランス上空を哨戒飛行中に行方不明になっている。

かつては無敵と思われたルフトヴァッフェの面影をそこに見いだすのは難しくなっていた。しかし、今度は戦闘機コマンドが123日間にわたるヨーロッパへの反転攻勢にでると、戦闘機1023機、パイロット515名を犠牲にしながらも、目立った成功は収められなかった。とはいえ、画竜点睛こそ欠くものの、このように積み重ねてきた犠牲のおかげでイギリス本土上陸の脅威は消失するのである。

### RAFのBf 109E撃墜数上位者リスト（スピットファイアMk.I / II搭乗者。1940-1941年）

| | Bf 109E 撃墜数 | 総撃墜数 | 所属部隊 |
|---|---|---|---|
| ブライアン・カーベリー中尉 | 15 | 15（＋協同2） | 第603飛行隊 |
| エリック・ロック少尉 | 15 | 26 | 第41飛行隊 |
| コリン・グレイ少尉 | 12 | 27（＋協同2） | 第54飛行隊 |
| パット・ヒューズ中尉 | 12 | 14（＋協同3） | 第234飛行隊 |
| ウィリアム・フランクリン軍曹 | 11 | 13（＋協同3） | 第65飛行隊 |
| デズ・マクマラン中尉 | 10.5 | 17（＋協同5） | 第54および第222飛行隊 |
| ジョン・ウェブスター中尉 | 9.5 | 11（＋協同2） | 第41飛行隊 |
| ジョン・エリス少佐 | 9 | 13（＋協同1） | 第610飛行隊 |
| アドルフ・マラン少佐 | 9 | 27（＋協同7） | 第74飛行隊 |
| ジョージ・アンウィン曹長 | 8.5 | 13（＋協同2） | 第19飛行隊 |

### ドイツ空軍のスピットファイアMk.I / II撃墜数上位者リスト（Bf 109E搭乗者。1940-1941年）

| | スピット 撃墜数 | 総撃墜数 | 所属部隊 |
|---|---|---|---|
| ヘルベルト・イーレフェルト大尉 | 33 | 132 | Stab I.(J)/LG 2, 2.(J)/LG 2 and 2.(J)/LG 2 |
| ヴァルター・エーザウ大尉 | 26 | 127 | 7./JG 51 and Stab III./JG51 |
| アードルフ・ガラント少佐 | 25 | 104 | Stab. JG 27, Stab III./JG26 and Stab JG 26 |
| ヘルムート・ヴィック少佐 | 24 | 56 | 3./JG 2, Stab I./JG 2 and Stab JG 2 |
| エーリッヒ・シュミット少尉 | 15 | 47 | 9./JG 53 |
| ヘルマン-フリードリッヒ・ヨッピーン中尉 | 13 | 70 | 1./JG 51 |
| ヴェルナー・マホールト中尉 | 13 | 32 | 9./JG 2 and 9./JG 2 |
| ヴェルナー・メルダース少佐 | 13 | 115 | III./JG 53 and Stab JG 51 |
| ヨーゼフ・プリラー中尉 | 13 | 101 | 6./JG 51 and 1./JG 26 |
| ゲルハルト・シェプフェル大尉 | 13 | 45 | 9./JG 26 and III./JG 26 |
| ホルスト・ウーレンベルク少尉 | 13 | 16 | 2./JG 26 |
| フリードリッヒ・ガイスハルト少尉 | 12 | 102 | 1.(J)/LG 2 and 2.(J)/LG 2 |
| ハンス・ハーン中尉 | 12 | 108 | 4./JG 2 |
| グスタフ・レーデル中尉 | 12 | 98 | 4./JG 27 |
| ハンス-エックハルト・ボップ中尉 | 11 | 60 | 9./JG 54, 7./JG 54 and Stab III./JG 54 |
| エルンスト・ヴィッゲルス大尉 | 10 | 13 | 2./JG 51 |

# 戦いの余波
Aftermath

　RAFはバトル・オブ・ブリテンの公式な終了日を1940年10月31日に定めている。しかし実際には、戦闘機隊も戦闘機コマンドも、同年末まで海峡を挟んで角を突き合わせている。例えば11月1日にはビッギンヒル飛行場から発進した4機のスピットファイアが、JG26のBf109Eに撃墜されている。JG26はこのとき、ドーヴァー海峡を航行中の商船団襲撃に向かうJu87スツーカ急降下爆撃機の護衛にあたっていた。この類の戦いは4ヶ月の前のバトル・オブ・ブリテン当初には頻繁に見られたものだが、この頃には爆撃機部隊の任務はもっぱら夜間爆撃にシフトし、イングランド南東部の個別目標に対する昼間爆撃は、Bf109E戦闘爆撃機型が肩代わりするようになっていた。ヤーボによる爆撃は、2万6000〜3万3000フィート（7800〜1万m）という高々度が舞台となるために、戦闘機コマンドは充分な迎撃時間が得られなかった。幸い、ヤーボの爆撃は規模が小さく、1万8000フィート（6000m）から投下される爆弾は、現実的な脅威にはならなかったが、それでも長距離爆撃型「エーミール」の攻撃は1941年も続いている。

　海峡の南側を拠点にして戦うドイツ軍のトップエースたちにとっては、バトル・オブ・ブリテンを終えた後の日々こそが黄金時代だったとも言える。1940年10月9日にはJG51司令官となったヴェルナー・メルダース少佐がBf109Eの後継機であるF型に初搭乗して、イングランド南部上空を哨戒飛行した。そして翌月にかけて、Bf109F型「フリードリッヒ」は、JG53、JG3、JG2、JG26の順に次々に配備されている。1941年9月7日の時点でも、RAFはスピットファイアとハリケーンが混在した部隊を北フランスに送り込んでいたが、海峡に拠点を置く戦闘機隊で最後まで「エーミール」を装備していたⅡ./JG26は、この頃には全装備を新型のフォッケウルフFw190A-1に換装している。

　一方のRAFは、もっぱら防空任務に忙殺された1940年とは立場を変えて、1941年にはドイツ本土上空に戦いを持ち込むようになっていた。戦闘機コマンドはこの航空攻勢で先鋒に立つことになったが、新司令官のサー・ショルトー・ダグラス大将は配下の戦闘機飛行隊に対して「フランスに戦争を持ち込む」ことを強く求めた。1940年12月20日、第66飛行隊の2名のパイロットによって、この要求に沿った作戦任務が行なわれた。この日、2機のスピットファイアがル・トュケを地上掃射したのである。スピットファイアが北フランス上空で作戦を行なったのは、ダンケルク以来これが初めてである。1941年1月には、戦闘機隊の誘因撃破を狙い、戦闘機コマンドは積極的に北フランス、低地諸国に戦闘機を繰り出している。1月10日には爆撃機と連動した大規模な「サーカス」作戦が始まった。第

1940年秋には、イングランド本島に対する大規模昼間爆撃は終わりを告げたものの、ドイツ戦闘機隊は勝利と損失の両方を積み重ねながら、同年末まで戦い続けている。この間の戦闘で命を落としたパイロットの中でも、JG2司令官のヘルムート・ヴィック少佐（（56機撃墜を報告、うち24機はスピットファイア）は卓越した存在である。ヴィック少佐は、1940年11月28日、生涯最後の獲物となった第609飛行隊所属のスピットファイアを撃墜した直後、命中弾をうけてパラシュート降下し、行方不明となった。

編註：サーカス "Circus" 〜イギリス空軍の作戦コードネーム。戦闘機による手厚い護衛を受けた爆撃部隊によって敵戦闘機隊を引き寄せ、戦闘に巻き込むことを主たる目的としたもの。

1941年夏、ケント海岸上空を飛行する第72飛行隊のスピットファイアMk.IIAの一群。フランス上空での「サーカス」作戦に備え、海峡に向けて機首を翻している。写真ではまだ逆V字を構成しているように見えるが、ブレニム爆撃機から撮影を試みるカメラマンを助けるための演出である。

10飛行群、第11飛行群のスピットファイア部隊が、この長期にわたる航空攻勢に深く関与することになり、占領ヨーロッパ各地の軍事目標を狙う爆撃機部隊の護衛に投入された。

　この頃にはようやくハリケーンが前線から退き、スピットファイアへの転換が進んだが、新品のMk.IIや最新型Mk.Vに混じって、中古のMk.Iを配備する部隊も存在した。そして、攻撃目標が占領下ヨーロッパのかつてないほど内陸まで伸びるに及び、足が短いスピットファイアでは爆撃機部隊が要求する護衛任務をこなすのが困難になる。航続距離を延伸するためにありとあらゆる努力が重ねられるなか、左翼下部に40英ガロンの固定燃料タンクを搭載した60機のスピットファイアMk.IIが登場した。スピットファイアMk.II（長距離仕様）と命名されたこの機体は1941年春以降、前線で重宝された。かなり控えめの生産数にもかかわらず、第11飛行群の少なくとも8個飛行隊で使い廻されている。

　空戦戦術も、この頃までには前線レベルで劇的に改善が進み、バトル・オブ・ブリテンの頃から大きく進歩していた。一部の部隊は戦闘に赴くに際し、自発的に編隊の改良に踏み切ったが、とりわけ先鋭的だったのが第74飛行隊だろう。飛行隊長の"セイラー"マラン少佐は戦闘機コマンドのヴェルナー・メルダースとも評すべき人物で、卓越した戦術眼を持ち、1940年の戦いでは9機のBf109Eを撃墜している優秀なパイロットでもあった。そんなマラン少佐が考案した戦術は、苦しい経験から導き出されたものだった。

　バトル・オブ・ブリテンの最終盤、マラン少佐は配下の12機を4機ずつの3個分隊に編成しなおした。3機編隊の学V字を4個集めて構成する従来の方法からすると、劇的な変更である。この新戦術によって、もし飛行隊が奇襲を受けた場合、分隊の4機は即座に2機ずつのペアに別れて、ドイツ軍のロッテと同じような戦い方に移るのである。3個分隊の編隊長機同士は緩やかに間隔をとった逆V字隊形を組み、分隊の僚機は編隊長機の後方に縦列をなす。マランが考案した編隊は、相互支援が可能なうえに後方への死角も減らし、戦闘勃発時には結束することもできる。また横隊の間

隔を緩やかにしたことで、パイロットの操縦負担は大幅に軽減し、索敵に労力を割くことができた。これにより、編隊長機だけが索敵を行なっていた以前の飛行隊形に比較して、編隊全体の索敵能力は大幅に向上した。マラン少佐の戦術はまもなく戦闘機コマンドによって公認され、ドイツ軍の「フィンガー・フォー（シュヴァルム）」と対抗するようになる。

1941年12月には、スピットファイアMk.I/IIはすべて訓練コマンドに送られ、前線装備はMk.VBに更新された。そして翌月、この偉大なMk.I/IIを駆って、最後に敵占領地上空を「獲物狩り」する栄誉を賜ったのは、バトル・オブ・ブリテンの古豪、第152飛行隊だった。もちろん、スピットファイア後継型と戦闘機隊の戦いは続き、改良が続くBf109シリーズとの絶え間ない空戦は、第二次世界大戦に連合軍が勝利する上で大きな力となった。

バトル・オブ・ブリテンの勝利と、スピットファイアが成し遂げた貢献の重要性については、賞賛の言葉をいくら重ねても足りることはないだろう。第三帝国に対する連合軍の初めての勝利だっただけでなく、後の戦略的反撃を考えるに不可欠な勝利だったのだ。イギリスの勝利がなければ、大西洋の戦いを継続することはできず、アメリカ国内に参戦機運が生じなかった可能性も高い。当然、1944年6月のD-Dayで見られたような、反攻作戦における主要な役割をイギリスが果たすこともなかっただろう。スターリングラードと同様に、バトル・オブ・ブリテンは第二次世界大戦の重大な転換点であるが、その勝利は数百万の命を代償に得るようなものではなかった。事実、チャーチルが述べたように、「（人類の戦闘において）かくも多数の人々が、かくも少数の人々によって、これほど多くの恩恵をうけたことはかつてない」戦いだったのである。

南アフリカ出身の"セイラー"マラン少佐は1940年から41年にかけて、RAFの戦術改革にもっとも重要な役割を果たした人物である。パイロットとしてもルフトヴァッフェを相手に活躍（1940年の戦いで9機のBf109Eを撃墜）したマラン少佐は、実戦経験に基づく新戦術を第74飛行隊に導入してRAFの考え方を変えさせたのだ。

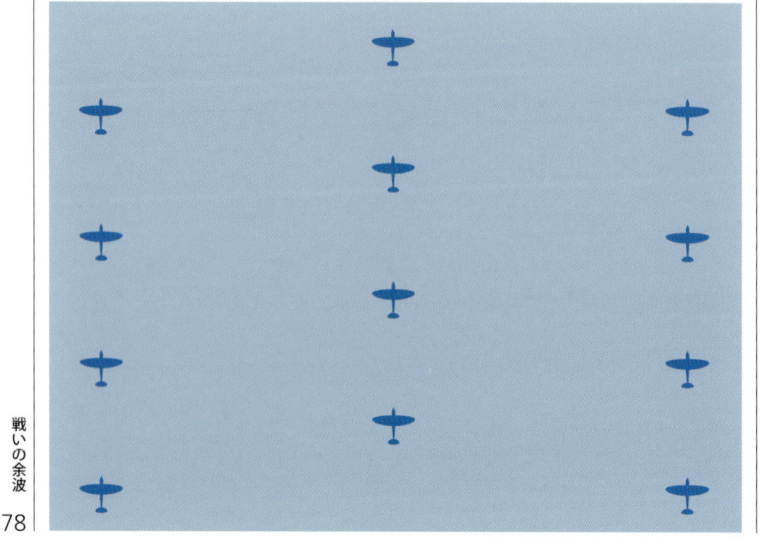

"セイラー"マラン少佐が導入した飛行隊形。逆V字のつながりが緩いので操縦しやすく、相互支援しながら死角を減らし、戦闘時には密集も可能という利点があった。

# 参考文献
Further reading

【書籍】
Bungay,S.,The Most Dangerous Enemy（Aurum,2000）
Caldwell,D.J.,The JG26 War Diary Vol 1.（Grub Street,1998）
Cossey,B.,A Tiger's Tale（J&KH,2002）
Cull,B.,Lander,B.with Weiss,H.Twelve Days in May（Grub Street,1995）
Deere,A.,Nine Lives（Wingham Press,1991）
Deighton,L.,Fighter（Book Club Associates,1978）
　▶レン・デイトン『戦闘機：英独航空決戦』内藤一郎訳、早川書房、1983年
Doe,B.,Fighter Pilot（CCB,2004）
Ekkehard-Bob,H.,Betrayed Ideals（Cerberus,2004）
Fernandez-Sommerau,Messerschmitt Bf109 Recognition Manual（Classic Publications,2004）
Foreman,J.,Battle of Britain - The Forgotten Months（Air Research Publications,1988）
Franks,N.,RAF Fighter Command Losses of the Second World War（Midland Publishing Ltd,1997）
Franks,N.,Air Battle Dunkirk（Grub Street,2000）
Franks,N.,Sky Tiger（Crécy,1994）
Galland,A.,The first and the Last（Fortana,1971）
　▶アドルフ・ガーランド『始まりと終り；栄光のドイツ空軍』フジ出版社編集部訳、フジ出版社、1974年
Goss,C.,The Luftwaffe Fighters' Battle of Britain（Crécy,2000）
Green,W.,Warplanes of the Third Reich（Doubleday,1972）
van Ishoven,A.,Messersvhmitt Bf109 at War（Ian Allan,1977）
　▶アーマンド・ファン・イショフェン『栄光のメッサーシュミットBf109』川口靖訳、講談社、1983年
Jefford,C.G.,RAF Squadrons（Airlife,2001）
Ketley,B.and Rolfe,M.,Luftwaffe Fledglings 1935-1945（Hikoki Publications,1996）
Lake,J.,The Battle of Britain（Silverdale Books,2000）
Matusiak,W.,Polish Wings 6 - Supermarine Spitfire I/II（Stratus,2007）
Mombeek,E.,with Smith,J.R.,and Creek,E.,Jagdwaffe Volume 1 Section 2 - Spanish Civil War（Classic Publications,1999）
Mombeek,E.,with Smith,J.R.,and Creek,E.,Jagdwaffe Volume 2 Section 1 - Battle of Britain Phase One（Classic Publications,2001）
Mombeek,E.,with Smith,J.R.,and Creek,E.,Jagdwaffe Volume 2 Section 2 - Battle of Britain Phase Two（Classic Publications,2001）
Mombeek,E.,with Smith,J.R.,and Creek,E.,Jagdwaffe Volume 2 Section 3 - Battle of Britain Phase Three（Classic Publications,2002）
Mombeek,E.,with Smith,J.R.,and Creek,E.,Jagdwaffe Volume 2 Section 4 - Battle of Britain Phase Four（Classic Publications,2002）
Morgan,E.,and Shacklady,E.,Spitfire - The History（Key Publishing,1993）
Obermaier,E.,Die Ritterkreuzträger der Luftwaffe Jagdflieger 1939-1945（Verlag Dieter Hoffmann,1966）
Price,Dr A.,Luftwaffe handbook 1939-1945（Ian Allan,1976）
Price,Dr A.,Spitfire - A Complete Fighting History（Promotional Reprint Company,1991）
　▶アルフレッド・プライス『戦うスピットファイア』大出健（訳）、講談社、1984年
Price,Dr A.,World War II Fighter Conflict（Purnell,1975）
Price,Dr A.,Aircraft of the Aces 12 Spitfire mark I/II Aces 1939-41（Osprey,1996）
　▶アルフレッド・プライス『スピットファイアMK I/IIのエース1939-1941』世界の戦闘機エース7、大日本絵画
Ramsey,W.,（ed.）,The Battle of Britain Then and now Mk IV（After the Battle,1987）
Ross,D.,Blanche,B.and Simpson,W.,The Greatest Squadron of Them All,Volume a（Grub Street,2003）
Shores,C.,and Williams,C.,Aces High（Grub Street,1994）
Steinhilper,U.,and Osborne,P.,Spitfire On My Tail（Independent Books,1989）
Sturtivant,R.,The History of Britain's Military Training Aircraft（Haynes,1987）
Terbeck,H.,van der Meer,H.,and Sturtivant,R.,Spitfire International（Air-Britain,2002）
Townsend,P.,Duel of Eagles（Weidenfeld,1990）
Wilson,S.,Spitfire（Aerospace Publications,1999）

【雑誌】
Alcorn,J.,'B of B Top Guns',Aeroplane Monthly（September 1996）:p.14-18
Donald,David,'Messersvhmitt Bf 109: The First Generation',Wings of fame Volume 4: p.38-77
Price,Dr A.,'Database - Spitfire Prototype & Mark I',Aeroplane（March 2006）:p.39-62

【ウェブサイト】
Tony Wood's Combat Claims and Casualties - www.lesbutler.ip3.co.uk/tony/tonywood.htm
Aces of the Luftwaffe - www.luftwaffe.cz

◎訳者紹介｜宮永 忠将

上智大学文学部卒業。東京都立大学大学院中退。シミュレーションゲーム専門誌「コマンドマガジン」編集を経て、現在、歴史、軍事関係のライター、翻訳、編集、映像監修などで幅広く活動中。「オスプレイ"対決"シリーズ2 ティーガーI重戦車vs.ファイアフライ」「オスプレイ"対決"シリーズ8 Fw190シュトゥルムボックvs.B-17フライング・フォートレス」など、訳書多数を手がけている。

オスプレイ"対決"シリーズ 9

## スピットファイア vs Bf 109E
### 英国本土防空戦

| | |
|---|---|
| 発行日 | 2011年2月13日 初版第1刷 |
| 著者 | トニー・ホームズ |
| 訳者 | 宮永忠将 |
| 発行者 | 小川光二 |
| 発行所 | 株式会社 大日本絵画<br>〒101-0054 東京都千代田区神田錦町1丁目7番地<br>電話：03-3294-7861<br>http://www.kaiga.co.jp |
| 編集・DTP | 株式会社 アートボックス<br>http://www.modelkasten.com |
| 装幀 | 八木八重子 |
| 印刷/製本 | 大日本印刷株式会社 |

© 2009 Osprey Publishing Ltd
Printed in Japan
ISBN978-4-499-23044-5

SPITFIRE vs Bf 109E
Battle of Britain

First published in Great Britain in 2009 by Osprey Publishing,
Midland House, West Way, Botley, Oxford OX2 0PH.
All rights reserved.
Japanese language translation
©2011 Dainippon Kaiga Co., Ltd

内容に関するお問い合わせ先：03(6820)7000　㈱アートボックス
販売に関するお問い合わせ先：03(3294)7861　㈱大日本絵画